新文京開發出版股份有限公司

新世紀‧新視野‧新文京 — 精選教科書‧考試用書‧專業參考書

New Wun Ching Developmental Publishing Co., Ltd.

New Age · New Choice · The Best Selected Educational Publications — NEW WCDP

第3版

EXPERIMENTS IN CHEMISTRY

化學實驗
－生活實用版

莊麗貞 編著

THIRD
EDITION

　　本書編輯的主要理念乃在將化學理論與一般生活的應用作連結，使化學的學習能夠更實用化、生活化，也讓化學藥品的使用量減少，以實踐環保的綠色科學。本書初版至今逾二十年，首先要感謝各位學界先進持續使用本書當教材，更要感謝各位對我們的愛護，熱心給予迴響。

　　這一段時間以來，臺灣的教育體系也有不少的改變，科系以及特色的轉變，連帶著也造成課程的變動，許多基礎科學及實驗課程的時數都減少了。因此坊間多數實驗課本均朝著實用及有趣的方向改變，且傾向於簡易以及簡短的實驗內容。唯考慮現在學生在基礎實驗訓練不足的情形下，實驗的準確性與安全衛生都將受影響；因此本書仍保留幾個最基本的實驗室訓練，例如清洗玻璃器皿、稱重、配藥，及濃度計算等；由各教師自由選擇是否排入實驗課程中。

　　本次改版除了加強遺漏處以及錯誤處的修正，更將元素週期表置換為最新版本，以符合用書者所需，非常感謝新文京開發出版股份有限公司編輯同仁多方協助，方能順利完成。但唯恐本人才疏學淺，錯誤之處在所難免，懇請各界先進不吝指教，並對後學持續提攜。

莊麗貞　謹識

　　對大多數學生而言，化學一向是最傷腦筋的科目之一。但由以往教學的經驗，學生的興趣往往與實用性息息相關，若能將生活中常見的物品，例如廚房、浴廁內的用品當作材料，帶入實驗室中，由其親手做實驗，讓學生有參與感，體認化學即生活，則其吸引力相當高。

　　有趣的實驗相當多，但因課程內容編排及篇幅的限制，本書內容乃朝著下列數點目標而編寫：

1. 以通識教育為依歸，提高學習興趣為主：

　　注重趣味化、生活化，並顧及實用性，儘量利用生活中常見的儀器與材料進行實驗。如同有位學生曾說的：「希望學了化學，能具有像『馬蓋先』一般的能力。」若能由日常所熟悉的物品，加強其瞭解，並刺激其思考能力，旁徵博引，相信較能達到真正的學習效果。

2. 配合課程進度，使理論與實驗相印證：

　　與課室中之理論教學相印證，並練習實驗室中各種常用技巧，期能訓練學生手腦並用。各實驗編排順序已先依主題分類，並在實驗目的中詳述所需要的背景知識與基本技巧，以便使老師在設計實驗課程時，能配合教學進度加以挑選，多數實驗應可在 2~3 小時內完成，但為求實驗的完整性，有些部分可能需事先配藥或予以刪減，才能控制時間。

　　因各實驗所需之藥品器材皆極力簡化、安全，故有許多實驗可由學生自行在家操作，或由老師在課堂上以「示範」方式進行，相信對於提高自主性的研究精神，必有極大助益。

3. 考量環境保護訴求，避免增加環境負擔：

　　儘量廢物利用，以不產生對環境有害之物質為主。此外用品、器材多為家庭常見，故可由學生提供，不但使其深具參與感，且因提供不同品牌之材料，可彼此比

較，增加觀察討論的機會。至於成品，盡可能設計為可帶回家使用之物品，如此不但減少垃圾、降低污染，更能使學生獲得成就感。

　　此書的完成，除了累積多年國內外的經驗及資料收集，還包括與子女同步成長的學習。另外則要感謝校內同仁們平時的切磋及指教，尤其是在實驗教學上的支持與配合，還有就是新文京開發出版股份有限公司所提供的機會及鼓勵。個人才疏學淺，見聞有限，雖努力達成理想，使內容合乎所用，但疏漏難免，期盼各界先進及學者專家，多多給予指正及建議，不勝感激。

莊麗貞　謹識

莊麗貞

學歷
- 臺灣師範大學化學研究所博士
- 美國南加州大學(University of Southern California)
  化學系碩士、電機系電腦組碩士
- 臺灣大學化學系學士

簡歷
- 經國管理暨健康學院健康產業管理研究所副教授
- 經國管理暨健康學院化妝品應用系副教授
- 美國 Unisys 電腦公司系統軟體工程師
- 美國南加州大學化學系助教
- 東海大學化學系助教

目 錄

CONTENTS

第一篇　實驗認知

第二篇　實驗技巧及基本概念

第三篇　氣　體

第四篇　水與溶液

第九篇　生物化學

第十篇　生活應用化學

附　錄

實驗室安全衛生工作守則

《實驗前》

1. 熟悉實驗室中滅火器及其他急救設施：如洗眼瓶、淋浴裝置及使用方法。

2. 熟悉實驗內容及相關知識，並充分瞭解實驗目的、實驗步驟、儀器設備及其性能。例如酒精燈的使用、電器電源為 110V 或 220V 等易引起危險之步驟，需特別當心。

3. 上實驗課必需穿實驗衣，戴護目鏡，穿包腳鞋（勿著涼鞋、拖鞋），穿著長褲；長髮應綁在腦後以免影響實驗進行。若近視者應配戴眼鏡，勿只戴隱形眼鏡。

4. 進行實驗時，首先應打開實驗室及配藥室之門窗及抽風電扇，保持空氣流通。

《實驗中》

1. 做實驗要認真，細心觀察過程，不要只重視結果。並請準備一張報告紙，以便於實驗中繪製資料表及填寫。

2. 實驗時，應隨時保持桌面整齊清潔，請將書包或背包置於實驗室外櫃子，除了課本、報告及文具外，其他物品請勿帶入實驗室，以免濺到藥品或引起火源而燃燒。

3. 實驗前後要洗手，做實驗時不可用手揉眼睛，萬一不小心碰到藥品，須立刻用水沖洗，並立刻報告教師。

4. 嚴禁在實驗室內吃東西、嬉戲、喧譁、吸菸。更不可邊吃食物邊做實驗，以免食品受污染或誤食。化學物品更不可拿來嚐。

5. 取用化學藥品要依照指示添加，不可過量或隨意添加，以免危險；若有剩餘則應丟棄，切勿倒回原瓶，以免污染藥品。

6. 聞氣味時，要用手由遠至近搧風，聞到氣味為止，不可將鼻子直接靠近用力吸入。

7. 拿取烘箱之器皿時，應戴手套或使用夾子夾取，不可用手拿取。

8. 設備運轉中或火源開啟中，絕不可離開實驗位置。

9. 實驗中遭遇停電時，應立即切斷所有操作設備的電源。

10. 使用插頭時，請先確認電源伏特數為 110V 或 220V。器材毀損應照價賠償。

11. 有機溶劑及強酸溶液請於通風櫥內配製。

《實驗完畢》

1. 實驗完畢，各組要將器材及桌面清理乾淨，共用之藥品及器材要由值日組或負責之同學歸回原位。

2. 廢液不可任意丟棄，必須依照規定分類回收處理，酸鹼廢液及有機或重金屬之廢液請倒在指定標示的廢液桶內，且注意不可隨意混合傾倒，避免引起化學反應而爆炸。

3. 離開實驗室前，必須檢查水、電及各儀器開關是否關閉。

4. 請遵守垃圾分類，玻璃及一般垃圾若有混合，請值日組清乾淨。

5. 實驗結束之後續工作：

　　※ 請將實驗器材洗淨歸位，若有破損請告知老師補替及通知維修。

　　※ 桌面清洗乾淨，抹布洗淨後請掛在水槽邊上。

　　※ 清理水槽。

　　※ 由值日組同學檢查完清潔工作後始可離去。

6. 配藥組同學之工作：

　　※ 實驗後請將藥品依順序排列歸架。

7. 值日組同學之工作：

- 檢查各組清潔工作是否完成。
- 清理公用實驗台面。
- 清理天平及歸零。
- 清理通風櫥（排氣櫃）中試藥。
- 清掃實驗室及天平室。
- 擦黑板，關抽風機及燈、門，倒垃圾。

實驗常用儀器名稱介紹

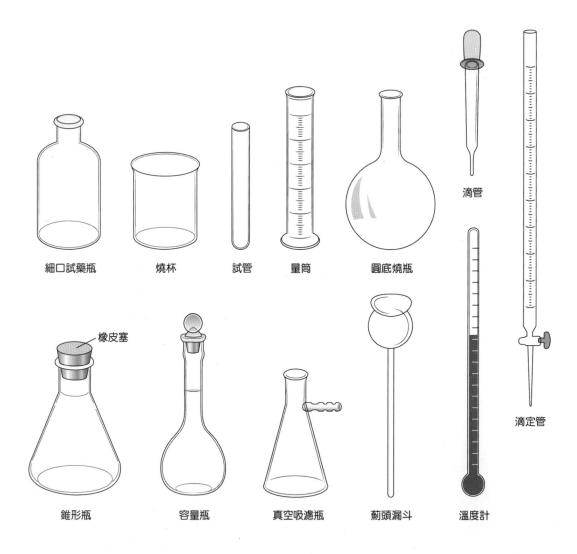

細口試藥瓶　　燒杯　　試管　　量筒　　圓底燒瓶

滴管

橡皮塞

錐形瓶　　容量瓶　　真空吸濾瓶　　薊頭漏斗　　溫度計

滴定管

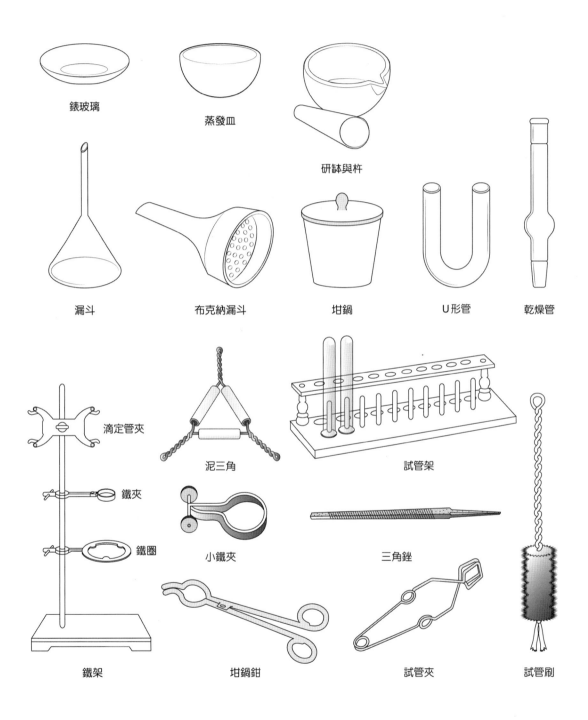

錶玻璃

蒸發皿

研缽與杵

漏斗

布克納漏斗

坩鍋

U形管

乾燥管

滴定管夾

泥三角

試管架

鐵夾

鐵圈

小鐵夾

三角銼

鐵架

坩鍋鉗

試管夾

試管刷

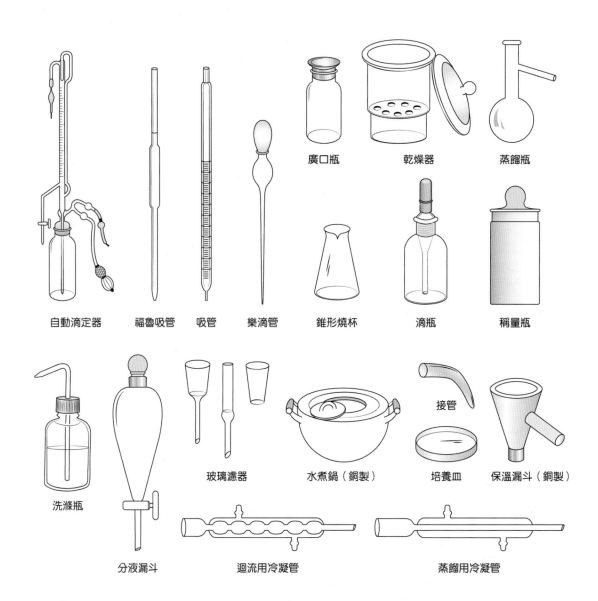

廣口瓶　　　　乾燥器　　　　蒸餾瓶

自動滴定器　福魯吸管　吸管　樂滴管　　錐形燒杯　　滴瓶　　稱量瓶

洗滌瓶

分液漏斗

玻璃濾器　　水煮鍋（銅製）　　接管　培養皿　保溫漏斗（銅製）

迴流用冷凝管　　　　蒸餾用冷凝管

常用儀器基本操作

一、電動天平 (Electrobalance)

操作步驟：

1. 簡單稱重

    (1) 先啟動開關，螢幕上會顯示 "8.8.8.8.8.8.8."。

    (2) 按數次 "mode" 按鈕，選擇重量模式，螢幕上出現 "0.00g"。

    (3) 打開防塵窗，將待測物置於稱盤上，關窗，待數字穩定後讀出數值，即為該物品之重量。

    (4) 拿開物品後，按下歸零按鈕或關閉電源。

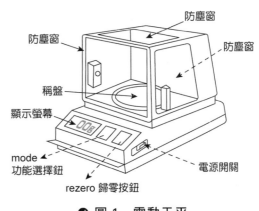

○ 圖 1　電動天平

2. 容器扣重

    (1) 同上步驟，先將空瓶或稱量紙置於稱上；此時稱上出現之數字即為空瓶或稱量紙之重量。

    (2) 此時再輕按一次歸零按鈕；稍後會再現 "0.00g"。

    (3) 再將待測物直接置於空瓶內或稱量紙上，待數字穩定後讀出數值，即為該物品之重量。

    (4) 拿開物品後，按下歸零按鈕或關閉電源。

    ※ 因機型不同，按鈕名稱或使用方法可能稍有差異，請就近請教老師或助教。

二、酒精燈 (Alcohol Burner / Lamp)

1. 使用酒精燈時，須先將燈火點燃後，再移放到三腳架下方。另外，要熄火時，也要先從三腳架下方取出後，再用燈蓋蓋熄。若直接在三腳架下方點火或熄火，可能會把三腳架弄翻，導致燙傷，故絕對嚴禁此種做法。

2. 取下的蓋子要直立在酒精燈旁。用鑷子夾起 5 公厘的燈蕊後即可點火。

3. 要點燃酒精燈時，請務必使用火柴或打火機。將火柴盒中的火柴頭向著自己，用手握住火柴盒。擦亮火柴時不要朝自己的方向。酒精燈互相接火，會使燃燒的火焰突然變大增烈，導致燙傷或釀成火災，故絕對禁止。

4. 將酒精燈調高至火焰可達加熱物體的高度（可用木板來調整）。三腳架的選擇使用，須配合酒精燈火焰高度。若在酒精燈下墊放穩定性差的物品當作平台，極易造成酒精燈翻覆，引起火災或其他意外，故絕對禁止。

5. 要熄滅火焰時，應用蓋子由火焰上方蓋下。

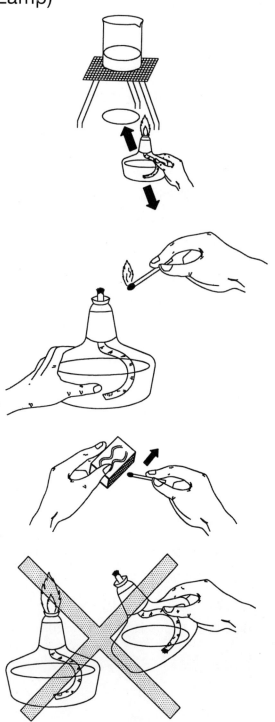

◗ 圖 2　酒精燈點火方式

注意事項：

1. 取下蓋子或點火時應用手按住酒精燈。

2. 不可與其他酒精燈的蓋子交換。

3. 酒精不可超過 8 分滿。只剩 3 分滿時，一旦火滅了就要加入酒精。如果酒精裝得太滿，甚至超過酒精燈口，酒精極易外溢出來，非常危險。相反的，酒精太少時，酒精可能會在酒精燈內產生氣化，而引起爆炸。故實驗時，應經常留神注意酒精量是否適中。

4. 欲將酒精倒入酒精燈以補其不足時，請務必先將酒精燈上的火熄滅後再補充。酒精為易揮發、易燃性高的藥品，故絕對不能在燈火未熄滅前，就補倒酒精。

5. 不要將點燃的酒精拿著走。

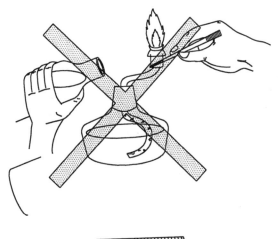

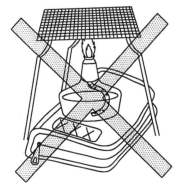

⊃ 圖 3　酒精燈安全

三、加熱攪拌器 (Hot Plate)

加熱攪拌器的外形如圖 4 所示，一般具有兩個主要控制鈕：

1. 溫度鈕(Temp)：調整溫度，指數大約在 3~4 之間即可使水沸騰，不要長時間使用高溫。

2. 速度鈕(Speed)：可調整磁攪拌子的速度，注意速度調整應由小至大，以免打破器皿！

加熱時注意勿使液體因受高熱而溢出，尤其是易燃性液體（如酒精、丙酮等）碰到高溫的加熱面板，易起火燃燒，危險性甚高。

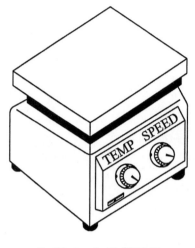

⊃ 圖 4　加熱攪拌器

四、安全吸球 (Safety Ball)

要精確量取少量液體時，可以在吸量管上套上安全吸球來吸取和釋出液體，其操作過程如下：

1. 一手按壓 A 處鋼珠，另一手壓吸球，將裡面的空氣擠出。

2. 將吸球接上吸量管，再將吸量管放入液體中，按 S 處鋼珠即可將液體吸取上來。請特別注意，勿讓液體吸入吸球內，以免腐蝕吸球，或加速固化。

3. 按 E 處可讓空氣進入，即可將吸量管內的液體擠出。
   ※ 注意：壓擠時請小心，勿將鋼珠擠離固定位置，則無法使用。

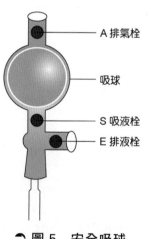

A 排氣栓

吸球

S 吸液栓

E 排液栓

⊃ 圖 5　安全吸球

五、定量移液管 (Pipette, or Pipet)

定量移液管的外觀如圖 6，使用步驟如下：

1. 將體積選擇鈕(A)轉至所欲之體積。

2. 選擇適當的塑膠尖頭排放器(D)。

3. 壓下吸液鈕(B)至第一道卡位，然後將吸管尖端觸及液面，緩緩放開此鈕，吸入液體。

4. 移至所欲加入之容器，壓下(B)鈕至第二道卡位即可完全排放液體。

5. 可壓(C)鈕，以便將殘留於尖端之液體擠壓出來。

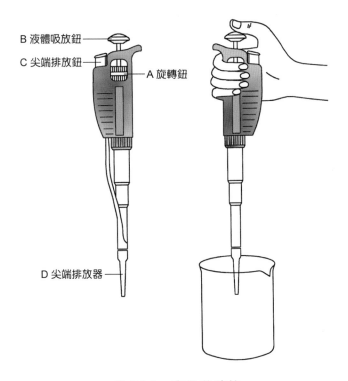

● 圖 6　定量移液管

六、排煙櫃 (Hood)

　　化學實驗常會用到一些強酸、強鹼及有刺激性的藥品。例如鹽酸(HCl)、硫酸(H_2SO_4)、醋酸(CH_3COOH)、氨水(NH_3)等，以及四氯化碳(CCl_4)、苯(C_6H_6)、乙醚等有害人體的有機溶劑。而在反應過程中，亦常會產生惡臭或有毒性的氣體，例如二氧化硫(SO_2)、溴水(Br_2)等。為避免刺激性藥品及氣體對實驗者造成不適及危害，常在實驗桌上方裝置排氣罩，或者在排煙櫃(hood)中進行化學反應，以便直接將毒氣排出。市售排煙櫃的種類很多，一般常見的機型如圖 7 所示，排煙櫃前方有一可下拉的玻璃窗，實驗時應儘量拉下以擋住氣體，再利用抽氣馬達將排煙櫃中的氣體抽出排到室外。

　　近年來環保問題逐漸受到重視，為避免抽出的氣體直接排出造成空氣污染，新的機型大多先將毒氣抽到廢氣處理槽中，轉化成無害的氣體再排出到大氣中。

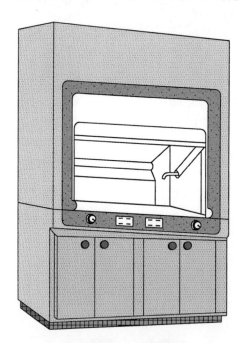

○ 圖 7　排煙櫃

完整的實驗報告

一、一份完整的實驗報告應包括下列各項目：

1. 時間
   班級、組別
   姓名、學號

2. 題目

3. 目的

4. 原理／相關知識

5. 藥品

6. 器材

7. 實驗步驟

8. 實驗結果

9. 討論

10. 心得

11. 問題／思考方向

12. 參考資料

二、以上各項目，內容的書寫重點如下：

1. **實驗時間**：除應記錄實驗進行的時間外，當時的環境狀況，例如氣壓、氣溫、溫度等，最好也一併記下，因可能會影響實驗結果。在討論時可詳加探討之。

2. **項目 2~6**：乃是屬於預習報告的範圍。在進入實驗室做實驗之前，即應先將內容詳細閱讀過，並將各項中的重點加以整理，擇要點摘錄於預習報告中，不要一味抄襲。

3. **實驗步驟**：乃是預習報告的重心所在。應設計為一目瞭然的方式，以提供自己實驗時的參考，應將過程簡要整理，若能以流程圖方式畫出更佳。

4. **實驗結果**：乃是將實驗時所測得的數據或觀察到的各種現象例如沉澱、變色等，鉅細靡遺、詳細且確實的記錄下來。

5. **實驗討論**：應為整份報告的寫作重點。將實驗目的與原理仔細思考後，綜合實驗結果，是否印證理論值所預測的結果？是否有差異？任何疑問或見解可與同

學共同討論，或尋找相關書籍，以探討原因及尋求解決方法。如此才能使實驗過程手腦並用，達到最大的學習效果。

其他書上若有關於主題的敘述或更深入的探討，可摘錄於報告中，但切忌長篇大論的抄襲原書上的已知原理及內容。

6. **心得部分**：不必學理根據，比較屬於「感性」與情境教育方面。不論實驗結果是否成功，只要有任何個人的見解、看法或啟發，皆可記下來，這可能是個人成長上一次很好的經歷或常識的建立，甚或只是聯想也可以。許多科學上的新發現都是「意外」或不經意的結果呢！

7. **問題／思考方向**：此部分是編者針對該實驗的原理或結果所設計，以幫助同學進一步思考及學習。應儘量配合並尋找參考資料作答。

8. **參考資料**：任何參考資料均應詳列其書名、作者，或期刊之名稱、期數、作者及頁數。

玻璃器皿的認識、清洗與乾燥

一、實驗目的

1. 練習燒杯、量筒、錐形瓶、滴定管、試管等各種玻璃器皿的洗淨技巧，以免引起實驗誤差。

2. 認識洗滌液的用法與配製。

3. 瞭解器皿的乾燥及保管方法。

4. 養成良好的實驗基本技巧及習慣。

二、相關知識

化學實驗室內所用的器材中，大多以玻璃器皿為主。因為玻璃性質安定，不會和大多數的化學藥品反應，而且玻璃是透明的，玻璃容器內所進行的化學反應皆可清楚觀察。但實驗過後，各種器皿必須徹底洗淨，甚至完全乾燥，否則將嚴重影響實驗結果及安全性。

(一) 實驗室中常用的各種洗滌液

1. **合成清潔劑洗滌液**(synthetic detergent)：取 5 g 中性合成軟性清潔劑，先溶於 200 mL 水中，再稀釋成 1000 mL。

2. **碳酸氫鈉溶液**(sodium bicarbonate solution)：取約 5 g 的工業級洗滌鹼(washing soda, $Na_2CO_3 \cdot 10H_2O$)溶於少量水後，加水稀釋成 200 mL，貯存於加蓋的玻璃瓶中備用。此洗劑可用於洗淨茶杯之污漬。

3. **磷酸三鈉溶液**(trisodium phosphate solution, TPS)：取 5 g 的工業級磷酸三鈉晶體($Na_3PO_4 \cdot 12H_2O$)溶於水後，加水稀釋成 200 mL，貯存於加蓋的玻璃瓶中備用。市售洗衣粉中常含此成分，此物用量多時，會造成河川優氧化，故儘量少用或不用。

4. **氫氧化鉀或氫氧化鈉的乙醇溶液**(alcoholic potassium hydroxide, or sodium hydroxide solution)：取 12 g 的氫氧化鈉(NaOH)或 10.5 g 的氫氧化鉀(KOH)溶於 12 mL 的水中，然後加入 100 mL 的 95%乙醇，配成的溶液則加蓋貯存於塑膠瓶中備用。此為強鹼性洗滌液，對玻璃有侵蝕作用，故洗滌時不可浸泡過久。

5. **重鉻酸鹽硫酸洗滌液**(dichromate-sulfaric acid cleaning solution)：取 15 g 的重鉻酸鈉($Na_2Cr_2O_7$)或重鉻酸鉀($K_2Cr_2O_7$)，溶於 15 mL 的水中，再小心地攪拌並將 175 mL 的濃硫酸慢慢加入（若仍有紅色固體未溶解，可多加硫酸溶解之。注意：此步驟會放出大量的熱，應極小心）。溶液冷卻後，貯存於附玻璃塞的玻璃瓶中備用（因此溶液會吸收空氣中水分）。

　　當玻璃器皿以清潔劑無法洗淨時，可倒出少量的重鉻酸洗滌液，轉動器皿，使其流遍整個器皿表面，如此重複數次（或浸泡一些時候）。此洗滌液在有機合成實驗室較常使用，但對皮膚、衣物等物品腐蝕性強，使用需小心。

　　洗滌液可倒回原貯存瓶內繼續使用，直到洗滌液變成綠色 Cr^{3+}溶液時才失效。玻璃器皿則用自來水與蒸餾水依次洗淨。

　　此洗滌液為強酸性強氧化劑，濃度高時效果較佳，故經一段時間的貯存與再使用，在顏色未轉變為綠色前皆有效，溶液若變稀也可加熱濃縮再使用。

(二) 洗滌玻璃器皿的一般注意事項

1. 使用後，應立即清洗，因污垢乾後變硬，較難清洗。若無法立即清洗，應先浸泡於水中或洗滌液內。若有多量油性溶液，應先以紙或乾布拭去。

2. 體積較大或較長的玻璃器皿在清洗時要特別小心，常因手滑、戴手套或用力不當而打破。

3. 一般玻璃器皿上的油漬等都是先用肥皂水或清潔劑的水溶液洗淨，並用自來水清洗，最後以少量蒸餾水潤濕一遍。若較不易清洗的污垢或沉澱，則最好先瞭解其為何物，以便選用較適宜的方式及洗滌液。

4. 選用形狀及大小相合的刷子，以利清洗工作進行。但應注意刷子是否有銳利而凸出的金屬部分，以免造成刮痕，因有刮痕的玻璃器皿在加熱時容易迸裂。

5. 完全洗淨的玻璃表面，水分應呈均勻分散的薄膜，若未洗淨且有油漬附著時，水膜則為破裂並分散成水滴附著如圖 1-1 所示。

6. 洗滌之玻璃器皿量多時，應用塑膠盆或籃子盛裝，避免將地面濺濕。

7. 洗滌試藥瓶、定量瓶等有蓋子的器皿時，應注意瓶蓋勿張冠李戴，以免污染瓶內的藥品。

8. 乾淨與潔淨，意思不同。乾淨指的是乾燥且潔淨的器皿；而潔淨則是充分洗淨但未乾燥。

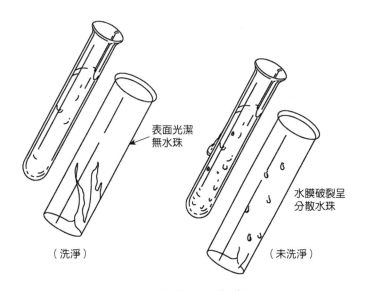

表面光潔無水珠

水膜破裂呈分散水珠

（洗淨）　　　　　　（未洗淨）

➲ 圖 1-1　玻璃器皿洗淨鑑別

(三) 各種常用玻璃器皿的清潔步驟

1. 試管、量筒的潔淨法

(1) 若試管或量筒內仍有固體或液體，應倒入教師指定的廢液桶中，儘量避免傾入水槽或垃圾桶內。

(2) 先以清水洗淨外部（必要時用合成軟性清潔劑洗滌之），然後將管內部分充水，握緊管身，並將試管刷的毛刷部分伸入管內，不斷轉動以移去附著於管壁或底部的固體顆粒，再以充分的清水沖洗之。

(3) 最後以少量的蒸餾水分數次潔淨之。注意沖洗時切勿用手按住管口（如圖 1-2 所示），以免手上油垢沾污管口而不易除去。

(4) 在光亮處仔細檢查，如仍有小水滴附著於管壁上時，則表示未洗淨（如圖 1-1 所示），應加入清潔液再重複清洗步驟。

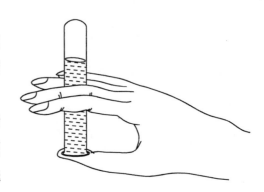

◑ 圖 1-2　管口勿用手按住

(5) 水洗而不能潔淨的試管或量筒，應加合成軟性清潔劑於管內，按照上述操作步驟伸入毛刷，充分刷洗，再用充分清水沖洗洗滌液，最後以少量的蒸餾水分數次潔淨之。若仍有水滴附著於管壁上時，則小心另加鉻酸混合液於管中，靜置數小時（或隔夜）後傾回原瓶中，再以清水充分沖洗、蒸餾水潔淨之。

(6) 潔淨後的試管或量筒，將之倒置於乾淨的燒杯中，燒杯底則鋪兩張濾紙以吸收水分，或倒置於試管架、晾乾架陰乾之。必要時試管可置烘箱(104±1°C)中烘焙使乾燥（有刻度之器皿不可放烘箱，以免玻璃熱脹冷縮，刻度會不準確）。

2. 滴定管的潔淨法

(1) 以清水徹底沖洗外部，然後沖洗管內部。

(2) 加合成軟性清潔劑於滴定管中，將如圖 1-3 所示之滴定管刷的毛刷伸入滴定管內部充分刷洗後，傾棄洗滌液。

(3) 滴定管中再充以半管清水，平持之使左右搖動，讓清水充分沖洗管內部的洗滌液。惟須注意切勿用手按住管口，以免手上油垢沾污管口而不易除去。

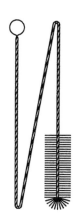

➲ 圖 1-3　滴定管刷

(4) 重複以上操作，最後再以少量的蒸餾水分數次潔淨之。

(5) 在光亮處仔細檢查，如仍有水滴附著於管壁上，則小心加鉻酸混合液於管中，放置數小時（或隔夜）後傾回原瓶中，再以清水充分沖洗、蒸餾水潔淨之。

(6) 滴定管玻璃栓塞部分可塗以少量凡士林使之轉動靈活（非止漏），切忌將凡士林塗入小孔中，而堵塞不通。如圖 1-4 所示，即為滴定管玻璃栓塞塗凡士林部位。

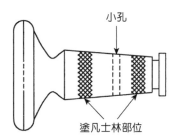

小孔

塗凡士林部位

➲ 圖 1-4　滴定管玻璃栓塞

(7) 潔淨後的滴定管，應倒夾於滴定管架上（圖 1-5），以防灰塵污染。

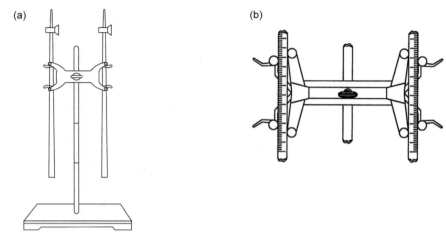

⊃ 圖 1-5　滴定管架及管夾

3. 移液吸管、刻度吸量管及滴管的潔淨法

(1) 先把橡皮安全吸球或乳頭橡皮帽取去，再以清水（必要時用合成軟性清潔劑）徹底沖洗外部，然後沖洗管內部。如在毛細管端部位發現有固體附著時，則以細羽毛予以刷洗除去之，或浸入鉻酸混合液中泡浸數小時（或隔夜）後取出，經清水充分沖洗，蒸餾水潔淨之。

(2) 潔淨後的移液吸管、刻度吸量管及滴管，置於乾淨毛巾以排除水分，或置於各式吸管架(pipette support)上使水滴乾。

4. 燒杯、燒瓶及錐形瓶的潔淨法

(1) 取欲洗滌的燒杯、燒瓶（圓底或平底）或錐形瓶，用燒杯刷(beaker brush)或家用五金店所售的塑膠泡綿刷、塑膠洗瓶刷等，沾上合成軟性清潔劑，先將外部洗淨，再洗刷內部，然後用清水充分沖洗，最後用少量的蒸餾水分數次潔淨之。

(2) 在光亮處仔細檢查，如仍有小水滴附著於管壁上時，則小心倒入鉻酸混合液於杯（瓶）內，放置數小時（或隔夜）後，將鉻酸混合液傾回原瓶中，再以清水充分沖洗、蒸餾水潔淨之。

(3) 潔淨後的燒杯、燒瓶或錐形瓶應置於鋪有乾淨紙張的桌面上，或掛置於晾乾架上，使水滴乾，或直接置入烘箱中乾燥。

(四) 玻璃器皿的乾燥

　　玻璃器皿洗淨後，常常不需乾燥即可繼續使用，但在以下情形時，則應先乾燥，以免影響實驗結果：

1. 用來量取或盛裝與水不互溶的液體時。

2. 溶液的濃度需精密控制時。

3. 測定液體的某些特性（例如導電度、比重等）時，應避免被水稀釋，而影響液體的性質。

(五) 乾燥時應注意事項

1. 一般玻璃器皿如燒杯、試管等，以及瓷製器皿如坩堝、蒸發皿等，皆可置於烘箱中烘乾，或紅外線燈下乾燥，但溫度不可過高以免破裂。

2. 瓷製及硬製玻璃則可直接放在石綿心網上加熱乾燥。

3. 瓶狀、管狀等器皿可先略加熱後，以吹風機乾燥之。

4. 若要加速烘乾，可用少量丙酮潤濕玻璃器皿表面，因丙酮沸點比水低，易揮發，可達加速乾燥之目的。

5. 凡有刻度的玻璃容器，如量筒、量瓶、吸量管等，切勿置於烘箱中，或任何加熱法乾燥，否則熱脹冷縮，將造成刻度不準。應將其倒置於乾燥架或吸管架，使其自然乾燥即可。

6. 橡皮吸球及乳頭橡皮帽應先除去，才可將滴管放入烘箱乾燥，否則橡皮會熔掉或變質。

三、藥 品

蒸餾水

丙酮（acetone，洗滌用級）

合成清潔劑溶液（或洗潔精、肥皂水）

重鉻酸鹽硫酸混合液（有機實驗室必要時才使用）

四、器 材

由教師選擇發給常用儀器，例如：

試管及量筒 .... 數支

滴定管 .... 1 支

燒杯、藥瓶、定量瓶 .... 各 1 個

乳頭滴管、移液滴管 .... 各 1 支

五、實驗步驟

1. 依照前述各清洗步驟，將器皿充分洗刷潔淨，熟習各清洗步驟。

2. 潔淨的玻璃器皿，必要使用烘箱或電熱吹風機給予乾燥之。

3. 洗淨後之器皿，交由教師驗收。

實驗 1

玻璃器皿的認識、清洗與乾燥

姓名 _____　　系級班別 _____

學號 _____　　實驗日期 _____

實驗結果

思考方向

1. 洗滌一般玻璃器皿，均應洗滌器皿外部，再刷洗內部，為什麼？說明您的理由。

2. 玻璃器皿是否洗淨，應如何觀察？

3. 玻璃器皿經洗滌液的洗刷後，需以清水充分沖洗，再以蒸餾水潔淨。試說明以清水沖洗之目的？使用蒸餾水潔淨，為什麼用少量分數次的效果較用大量一次清洗效果要好？

4. 實驗完畢，為什麼應養成隨手將使用過的玻璃器皿洗滌保持潔淨？您認為有必要嗎？

5. 量筒、量瓶、滴定管、移液吸管及刻度吸量管等均不可加熱乾燥，為什麼？

6. 在什麼情況，需要使用乾燥的玻璃器皿？

7. 烘箱乾燥玻璃器皿的溫度，通常控制在幾度？要如何縮短器皿乾燥的時間？

密度的測量－
質量、體積與單位換算

一、實驗目的

1. 練習質量與體積的準確測量方法及單位換算。

2. 由測定方法及計算，瞭解密度與比重的意義。

3. 測知銅幣密度及含糖／不含糖飲料的密度。

二、相關知識

(一) 密 度 (Density)

物質的密度是指單位體積(volume)內的質量(mass)，即：

$$密度(D) = \frac{質量(M)}{體積(V)}$$

常用的密度單位以 c.g.s 制的 g/cm^3 及 m.k.s 制的 kg/m^3 最常見，另有混合式如 g/m^3、g/L、kg/L 等。密度是純物質的特性之一，它可以表示物質密集的程度，幾乎不受溫度與壓力的影響。很少有兩種物質具有完全相同的密度，因此可以藉由密度的測定來鑑別物質種類及其純度。表 2-1 中列出一些常見的液體與金屬密度。當一物體放入一液體中，密度若大於液體則下沉，密度小於液體則上浮，密度相等時，則隨處可靜止。

◆ 表 2-1　常見物質的密度(20°C)

液體	g/cm³	固體金屬	g/cm³
汽油	0.680	鎂	1.740
酒精	0.789	鋁	2.700
甲醇	0.792	鋅	7.140
煤油	0.800	鑄鐵	7.200
松節油	0.873	鋼	7.800
苯	0.879	黃銅或青銅	8.700
水	1.000	銅	8.890
海水	1.030	銀	10.500
四氯化碳	1.594	鉛	11.340
水銀(0°C)	13.595	金	19.300
非金屬固體	**g/cm³**	**木　材**	**g/cm³**
冰(0°C)	0.922	松木	0.480
三合土	2.300	楓木	0.640
玻璃	2.600	橡樹木	0.720
花崗石	2.700	烏木、黑檀	1.200

(二) 比　重 (Specific Gravity, sp. gr.)

　　比重是以水為標準物質，將水在 4°C 時的最大密度 1.000 g/cm³ 定為標準，則任何物質在某定溫下與水密度比較，即為此物之比重：

$$比重(t°C/4°C) = \frac{物質(t°C)的質量}{同體積水(4°C)的質量} = \frac{物質(t°C)的密度}{水(4°C)的密度}$$

　　比重因是比值，故無單位。若密度以 g/cm³ 表示，則其值即為比重之值，但若單位改變，則數值不同。

(三) 密度及比重的測量

　　密度的測定，一般先稱質量，再量體積，然後代入 $D = M/V$ 的公式中。當固體形狀規則時，可由邊長及體積的公式求得；若形狀不規則，則需將其全部浸入不被

溶解的液體內，由液面升高的體積，間接獲知其體積。液體密度的測定，除了由 $D = M/V$ 的公式計算外，工業上常用比重計（hydrometer，圖 2-1）來測量，使用時只需將其插入待測液體，並讀取刻度即可（圖 2-2），使用簡便，但不精確，必要時需校定。比重計可分為測酸、鹼、鹽、酒精、糖、油等，且有不同之刻度範圍。

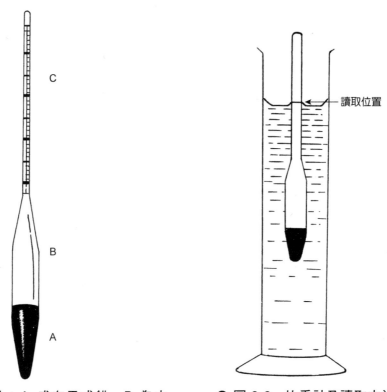

⊃ 圖 2-1　比重計：A 盛有汞或鉛，B 為中空，C 為刻有標度之頸部

⊃ 圖 2-2　比重計及讀取方法

(四) 質量的測定

在實驗室中，測定質量的儀器有許多種，各有不同的稱重極限及精密度，一般在定量實驗時較會用到精稱（精密度到小數以下 3~4 位），否則普通的稱量多以粗稱（到小數以下 1~2 位）即可。以下介紹幾種常見的天平及使用方法。

1. **粗天平**(rough balance)

　　天台天平（platform balance，圖 2-3(a)），可稱量至 1 kg，其精密度(precision)可達±0.1 g。**三桿天平**（triple-beam balance，圖 2-3(b)）可稱至 100 g，而其精密度可達±0.01 g。此二種型式的天平，由於操作簡單，省時且故障少，容易調整及維護，故以前普通的化學實驗室經常使用；但電子天平愈來愈精確且價格下降，故現在非電子的天平已極少見。

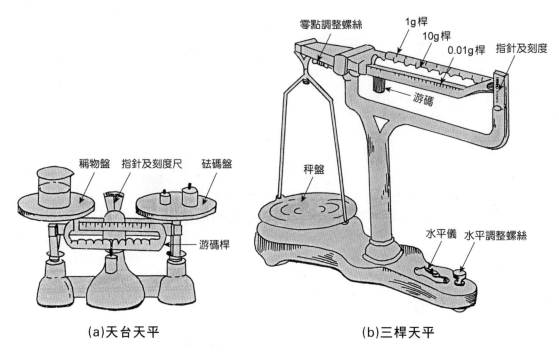

(a)天台天平　　　　　　　　　　(b)三桿天平

⊃ 圖 2-3　常用的粗天平

2. **數字型電子平台天平**(digital electronic platform balance)

　　如圖 2-4 所示者為直讀式電子平台天平。由於它是利用電子儀器控制來稱重，並不需要砝碼，可直接從液晶窗口(liquid crystal window)所顯示出的數字來讀取所測物的質量，故其操作簡單而方便，且相當精密，其稱量範圍視機型而定，可達 1 kg ± 0.1 g 或 1 g ± 0.001 g，並可媲美分析天平(analytical balance)。以前剛生產製造時價格昂貴，目前大量生產製造，成本降低許多，已普遍被採用（使用方法可參閱「常用儀器基本操作」中的電動天平）。

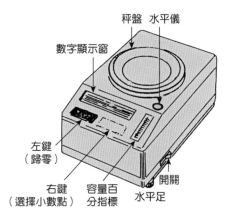

秤盤　水平儀

數字顯示窗

左鍵
（歸零）

右鍵　　容量百　　開關
（選擇小數點）　分指標　水平足

● 圖 2-4　數字型電子平台天平

(五) 容積的測定

1. 常用器材

測定液體量的多寡，常用體積表示，因為測定體積較測定質量更為方便。常用的容積測定器皿如圖 2-5 所示。其中(a)為**量筒**(graduated cylinder)，其容積由 10 mL 至 1000 mL 不等，精密度亦隨量筒之容積增大而降低；(b)及(c)為**滴定管** (buret)，(b)具有玻璃磨口栓塞，只限用於盛酸類，而(c)具有橡皮管及玻璃珠，只限用於盛鹼類；(d) 為 **吸量管** (graduated pipet)，(e)為 **定量球形吸量管** (volumetric pipet)，二者均可用以吸取定量容積之液體，可用作移液管；(f)為**量瓶**(volumetric flask)，用以配製一定體積及濃度之溶液。這些稱量容器均不可放入烘箱中乾燥，亦不可用火焰加熱乾燥，以免變形而造成不準。

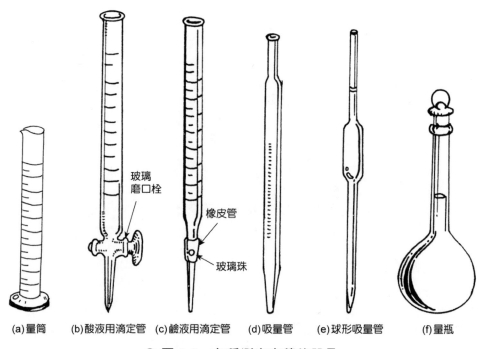

(a)量筒　(b)酸液用滴定管　(c)鹼液用滴定管　(d)吸量管　(e)球形吸量管　(f)量瓶

➲ 圖 2-5　各種測定容積的器具

2. 彎月形(meniscus)液面的讀法

由於大多數液體之內聚力不等於液體與玻璃管壁的附著力，因而產生彎月形液面。液面高度係以凹面最低處為準，同時觀測者之目光應與液面之最低處同高，以免造成視覺上之誤差，參閱圖 2-6。有時為了更清晰讀出滴定管液位凹面最低處之刻度，可利用藍白二色紙片，置於液面附近、滴定管後，如圖 2-7 所示。此方法對於量筒之刻度讀數同樣有效。

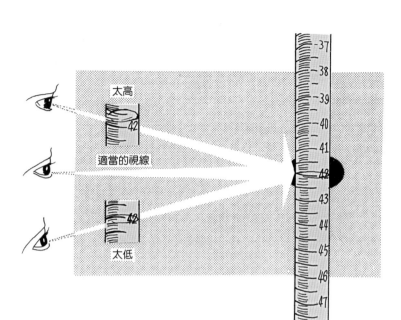

⊃ 圖 2-6　彎月形液面的判讀

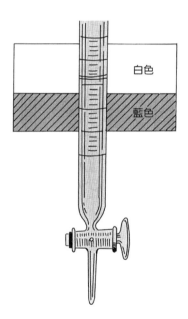

⊃ 圖 2-7　利用二色紙片協助讀出刻度之方法

3. 液體的準確量取法

所使用的玻璃容器必須用肥皂水或洗滌液完全洗乾淨，液體倒出後不得有小液珠殘留於器壁上。一般量筒及滴定管可用於較大量液體的量取，至於少量（小於 50 mL）液體須準確量取時，應選用吸量管。其吸量法應避免用口直接吸取（有毒液體更應絕對禁止）。近來已普遍使用如圖 2-8(a)所示之安全吸球，其詳細的使用方法請參閱「常用儀器基本操作」。更小量的液體（1 mL 以下）則常用吸量管或稱移液吸管(pipet)（圖 2-8(b)），使用方法請參閱「常用儀器基本操作」的圖 6。

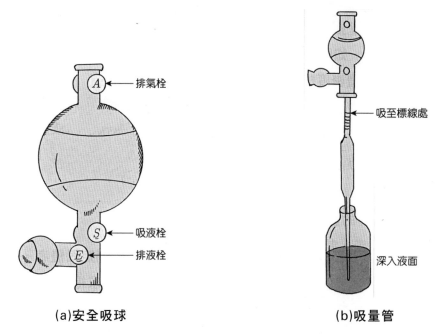

(a)安全吸球　　　　　　　(b)吸量管

● 圖 2-8　安全吸球及吸量管的使用法

三、藥 品

1. 固體密度

學生自備 1 元硬幣約 10 枚或 10 元硬幣 5 枚

2. 水的密度

　　蒸餾水 20 mL

3. 其他液體密度

　　任選一種液體 20 mL

　　（例如乙醚、不同濃度的糖水、鹽水等，若選用表 2-1 所列出之溶劑，可對照

　　準確值）。

4. 飲料的密度

　　學生自備

　　(1) 市售任何相同品牌的飲料兩罐，一為無糖或低糖，一為普通；鋁罐裝或鋁箔

　　　　紙包裝皆可（例如 diet coke 與 regular coke）。

　　(2) 個人飲用的杯子或吸管，以備倒出之飲料可喝，避免使用實驗室中容器，以

　　　　防污染。

四、器 材

量筒（500 mL）... 1 個

　　　　（50 mL 或 100 mL）..................................... 1 個

燒杯或錐形瓶（25 mL 或 50 mL）........................... 2 個

　　　　（應事先烘乾，以減少誤差）

安全吸球.. 1 個

球形吸量管或刻度吸量管(20 mL)............................. 1 支

稱量儀器

比重計

五、實驗步驟

1. 固體的密度

(1) 先稱量 10 枚 1 元硬幣或 5 枚 10 元硬幣的重量,記錄之(w)。

(2) 取 50 mL 或 100 mL 的量筒(大小應足夠放入硬幣),裝入 20 mL 的蒸餾水。記下刻度(V_1)。

(3) 將硬幣投入量筒內,記下蒸餾水刻度(V_2)。

(4) 計算:硬幣密度＝$w/(V_2-V_1)$。

(5) 參照表 1-1,推論此硬幣的可能材質。

2. 水的密度

(1) 取一個潔淨且乾燥的錐形瓶,稱重(w_1)。

(2) 用安全吸球及吸量管吸取 20 mL 蒸餾水,加至三角瓶中,再稱重(w_2)。並測量水溫($t°C$)。

(3) 計算:水的密度($t°C$ 時)＝$w_2 - w_1/20$。

(4) 取 100 mL 量筒,裝入約 2/3 滿的蒸餾水,水溫應同上($t°C$),輕輕置入比重計,記錄刻度,與(3)之結果比較。

3. 其他液體的密度

(1) 同上面水的密度操作步驟。

(2) 用比重計,比較結果。

4. 飲料的密度

(1) 先稱取兩罐飲料尚未打開前的重量,記錄並比較之。理論上,瓶罐與內容物的飲料含量是相同的,差別應只在於糖分的含量。

(2) 將 500 mL 量筒裝滿 1/2 的自來水,分別置入兩罐含糖及不含糖的飲料,觀察其在水中的位置有何不同。

(3) 由飲料包裝外部,讀取所含飲料的體積,或將飲料儘量完全倒至量筒中,以測量其體積。

(4) 將空瓶再稱重。

(5) 計算各飲料之密度：

$$飲料（含氣泡）之密度(g/cm^3) = \frac{總重 - 空瓶重(g)}{飲料體積（cm^3，即mL）}$$

生活小常識

1. 一般飲料的甜分常用蔗糖、玉米糖漿或果糖，玉米糖漿的主成分仍是蔗糖，而果糖的甜度比蔗糖甜，因此用量可略少一些。

2. 一般飲料含上述甜分，而低卡飲料則是減少糖量或以糖精取代，糖精甜度為蔗糖的數百倍，因此只需加入極少量即可得相同的甜度。在美國，全國約 1/5 的糖產量，都是用在飲料工業上。

3. 通常由一罐飲料中多攝取的糖重量，相當於 70 仟卡的熱量，約需多走 15 分鐘的路或多慢跑 5 分鐘，才能消耗掉。

實驗 2

密度的測量－質量、體積與單位換算

姓名 _____ 系級班別 _____
學號 _____ 實驗日期 _____

實驗結果

思考方向

1. 你所測量的硬幣是否為純金屬（例如純銅或純鎳），還是合金（純金屬摻入其他金屬）？要如何分辨呢？

   註：這個問題也就是當初阿基米德為國王的王冠是否被金匠偷工減料所要解決的問題。有名的「阿基米德原理」就是由此而來的。同理，可用來分辨金飾是純金或 K 金（金加銅）呢！

2. 形狀不規則的冰塊與木頭會浮在水上，要如何測其體積呢？溶於水的鹽與糖塊又要如何測體積呢？

3. 試計算空氣的密度，假設空氣中含 1/5 氧氣及 4/5 氮氣，而氮氣密度為 1.25 g/L，氧氣密度為 1.45 g/L。那麼氫氣球（密度 0.09 g/L）應會上升或下降？二氧化碳氣球（密度 1.51 g/L）又如何？

4. 計算及單位換算練習：

(1) 氮氣密度為 1.25 g/L，相當於多少 g/cm^3？

(2) 水的密度為 1 g/cm^3，相當於多少 kg/m^3？多少 g/L？

(3) 有一條純金項鍊重 125 g（若已知金的密度為 19.3 g/cm^3），則其體積應為多少 cm^3？

(4) 沙拉油密度為 0.6 g/cm，若一瓶內含沙拉油 250 c.c.，則不含瓶重時，其重量應為多少克？

藥劑之量取與溶液配製

一、實驗目的

1. 認識化學藥劑的瓶裝種類、外觀、標籤及各種常用符號。

2. 熟練固體及液體試藥的取用及稱量技巧。

3. 學習初步的溶液配製：重量百分濃度與體積莫耳濃度。

二、相關知識

　　在化學實驗中，常用來盛裝試藥的藥瓶有玻璃瓶與塑膠瓶。塑膠瓶因質輕、不易破損且耐藥性高等優點，近年來使用極廣。強酸、強鹼具高腐蝕性，還有一些有機化合物可能會溶解塑膠製品，必須用玻璃瓶裝以外，近代已多見塑膠瓶裝。一般而言，依瓶口的大小區分，可分為廣口瓶和細口瓶兩種。廣口瓶口徑較大，多用於裝固體試藥，而細口瓶因口徑小，適用於盛裝液體試藥或溶液。

　　藥瓶標籤（參閱附錄九）多為英文，必須仔細看明標籤，以免取錯藥，並應注意藥瓶上所貼的危險物品分類圖（參閱附錄八）小心操作，以免發生危險。

　　此外並應按規定量取，不可多取，以免浪費。多取之藥物勿再倒回瓶內以免污染。不同藥物的藥匙或滴管更不可混用。以下是固體與液體藥品常見的取用技巧，請多加練習並熟習之。在本實驗中，將利用取藥之技巧配合濃度之計算，以學習配製實驗室中常用到的酸鹼液。這些配藥技巧，可推廣用於任何固體及液體溶質的配製操作。

(一) 固體試藥取出法

常見的固體藥品（粉末狀或晶體形狀）取用法可分為三種：

1. **傾倒法**：取下瓶塞，將藥瓶傾斜，標籤向上，緩慢轉動瓶身，直接將藥品倒於容器中，瓶蓋夾在手指間，勿放桌上，以免污染（圖 3-1）。

> **圖 3-1　傾倒法**

2. **瓶蓋法**：當藥瓶的瓶蓋或瓶塞為中空者，則可用來取藥，步驟如下（圖 3-2）。
   (1) 將藥瓶傾斜，慢慢轉動，使固體藥品進入瓶蓋內。
   (2) 小心地打開瓶蓋或取出瓶塞，不要使藥品散落出來。
   (3) 用筆桿、玻棒或手指輕敲瓶塞，使藥品倒至稱量紙上。

(a)　　　　　　　　　　　　　(b)

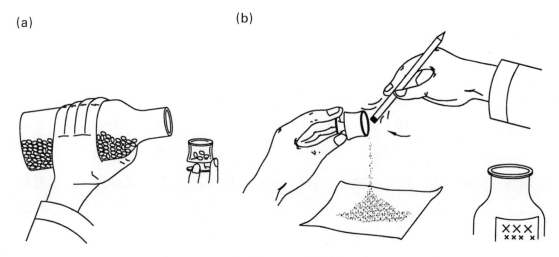

> **圖 3-2　瓶蓋法**

3. **刮勺取藥法**：是實驗室中最常用的固體取藥法。

(1) 取下瓶蓋，將其倒放在桌面上，以刮勺取出適量藥品（圖 3-3）。

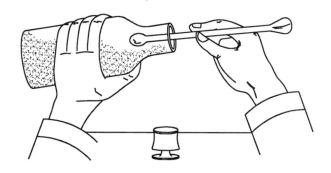

➲ 圖 3-3　刮勺取藥法

(2) 用筆輕敲刮勺，使藥品落至稱重紙上至所需之量為止（圖 3-4）。

➲ 圖 3-4　以筆輕敲刮勺

(二) 液體試藥取出法

1. 先仔細看明標籤，確認無誤後才可使用。

2. 當瓶塞為磨砂時，以手按住瓶塞，並傾斜試藥瓶，使瓶內液體潤濕瓶塞內部（圖 3-5）。一手緊握藥瓶，另一手慢慢旋轉瓶蓋，取下瓶蓋。同時以瓶蓋上的液體充分潤濕瓶頸內側及瓶口處，以利液體在傾倒時能緩緩流出，而不會突然湧出。

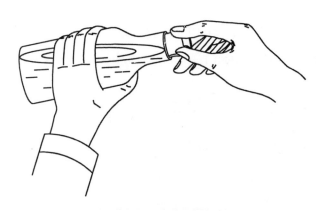

● 圖 3-5　潤濕瓶塞

3. 將瓶塞夾於無名指及中指間（圖 3-6(a)），或以左手拿住（圖 3-6(b)）。

4. 將盛裝的容器緊緊靠近藥瓶口，慢慢傾斜藥瓶，使液體流入容器中。若容器的開口較大時，如燒杯、大量筒等，則應將容器稍微傾斜，以玻璃棒協助使液體沿容器壁流下，以免濺出容器外，如圖 3-6(a)。

※注意：傾倒時應注意將藥品標籤向上，以免標籤被流出來的藥品腐蝕。

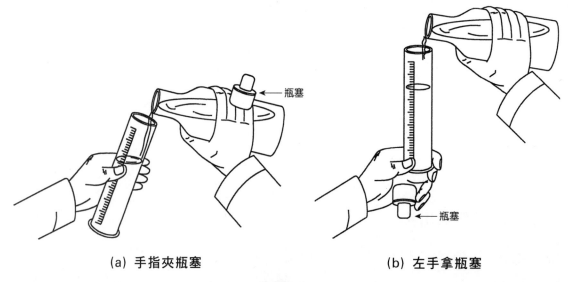

(a) 手指夾瓶塞　　　　　　　　　　　(b) 左手拿瓶塞

● 圖 3-6

5. 若需將液體藥品由一開口較大之容器移至另一容器時，則常用一支玻璃棒，使液體順著玻璃棒，徐徐流入另一容器中（圖 3-7）。

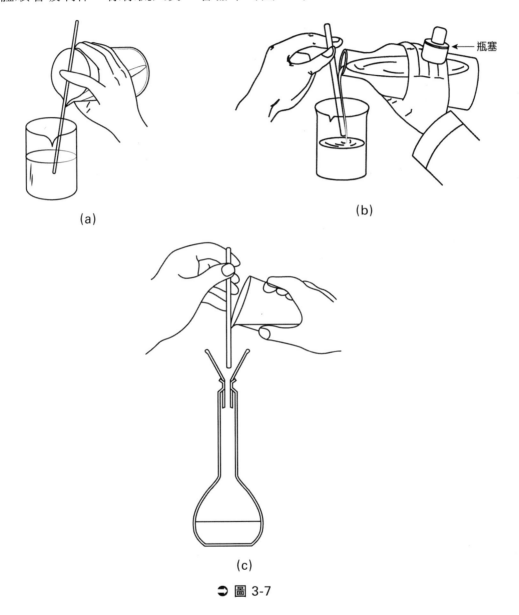

(a)

(b)　　←瓶塞

(c)

　 圖 3-7

6. 若需取出定量或少量的液體藥品時，應先以吸量管或滴管吸取所需的體積，再加入容器中，但注意不可使管口接觸容器內的液體（圖 3-8(a)），以免造成污染，正確方式請見圖 3-8(b)(c)。

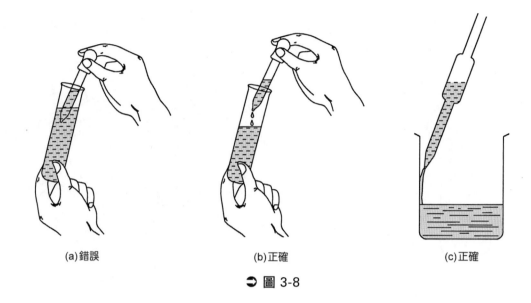

(a)錯誤   (b)正確   (c)正確

⊃ 圖 3-8

三、藥　品

氫氧化鈉(NaOH, sodium hydroxide)

鹽酸(HCl, hydrochloric acid)

氯化鈉(NaCl, sodium chloride)（食鹽）

四、器　材

燒杯(50 mL) .... 1 個

量瓶(25 mL) .... 1 個

玻璃攪拌棒 .... 1 支

安全吸球 .... 1 個

刻度滴管（精確至 0.01 mL 者）................................ 1 支

電子天平 .... 1 台

五、實驗步驟

1. 固體溶質－配製 0.1M NaOH 水溶液 25 mL

(1) 計算：

$$體積莫耳濃度(M) = \frac{溶質莫耳數（莫耳）}{溶液體積（升）}$$

NaOH 分子量＝40，設需要 NaOH x 克

$$0.1M = \frac{\dfrac{x克}{40克/莫耳}}{\dfrac{25毫升}{1000毫升/升}}$$

$x = 0.1$ 克

(2) 依照準確度的需要，電子天平可至小數一至二位，稱取 0.1 克 NaOH。

※注意：(a) NaOH 為強鹼，具腐蝕性，勿用手直接觸摸。

(b) NaOH 極易潮解，不適合用稱量紙，應用小燒杯直接稱取。

(3) 先加入少量的水將 NaOH 溶解，以玻棒攪拌加速溶解。

※注意：NaOH 溶於水會放出熱量，應小心燒杯變燙。

(4) 小心將上述溶液移入 25 mL 的量瓶內，並加蒸餾水至量瓶的刻痕處。

※注意：(a) 量瓶若先予以校正較為準確。

(b) 若濃度的精準性較不重要，則可用量筒直接取 25 mL 加入 NaOH 的燒杯中，攪拌至溶解。

2. 液體溶質－配製 0.1M HCl 水溶液 25 mL

(1) 計算：一般原裝的濃酸藥品，本為液體狀態，且有其固定的濃度（參見附錄三）。鹽酸 HCl 的濃度本為 12M，要稀釋成 0.1M 25 mL，需取少量加水，因稀釋前後的鹽酸莫耳數不變：

$M_{稀釋前} \times V_{稀釋前} = M_{稀釋後} \times V_{稀釋後}$

$12\,(M) \times V_{稀釋前}(mL) = 0.1\,(M) \times 25\,(mL)$

$V_{稀釋前} = 0.208$ mL

(2) 取安全吸球及刻度滴管，量取 0.2 mL 鹽酸，直接移至 25 mL 的量瓶中，加蒸餾水至刻痕處。量瓶加塞，倒轉數次，以便使溶液混合均勻。

3. 配製 1 % NaCl 水溶液 25 mL

(1) 計算：

$$重量百分率濃度(w\,\%)=\frac{溶質重量（克）}{溶液總重量（克）}\times100\,\%$$

假設需取 NaCl x 克溶成 25 mL：

$$1\,\%=\frac{x克}{25mL\times1\,g\,/\,mL}\times100\,\%，\quad x=0.25\,克$$

在此，我們假設稀鹽水密度為 1 g/ mL，若要準確，應查表得其密度。

(2) 稱取 0.25 克 NaCl，以少許蒸餾水溶解後，倒入 25 mL 量瓶中，再加水至刻痕處。

4. 溶液配製後的保存

(1) 配製好的試藥溶液，除非立即使用，否則均應用藥瓶盛裝並加蓋，以免污染、變質，絕不可直接以燒杯或錐形瓶保存。

(2) 鹼性溶液，例如 NaOH、KOH、Ba(OH)$_2$ 等，會腐蝕玻璃，需用塑膠瓶貯存。

(3) 易進行氧化還原的藥劑，如 KMnO$_4$、I$_2$、AgNO$_3$ 等，通常對光線的照射較敏感，避免氧化變質，應用棕色玻璃瓶盛裝。

(4) 裝妥後之藥瓶均應貼上標籤，以原子筆或油性麥克筆寫上藥品名稱、濃度及配製日期，以免過期失效。

(5) 藥瓶歸架時，應放妥，尤其玻璃瓶，應避免地震時掉落。

(6) 強酸、強鹼取用時應小心，勿掉落，因會腐蝕桌面及天平表面，故應立即擦去，且應放在玻璃或陶磁製的藥品墊上，以免腐蝕木頭製藥品架。

5. 實驗後處理

(1) 本實驗所配製各溶液可全班集中貯存，供以後的實驗使用。

(2) 若空間不足，必須丟棄，則先將酸鹼混合以中和之，再倒入水槽以水沖走。

實驗 3

藥劑之量取與溶液配製

姓名	_____	系級班別	_____
學號	_____	實驗日期	_____

實驗結果

思考方向

1. 試寫出配製 0.1M $KMnO_4$ 100 mL 的過程。

2. 試寫出配製 0.2N H_2SO_4 250 mL 的過程。

3. 量瓶、移液滴管等測量體積的儀器，為什麼使用前應加以校正？

混合物的分離－
傾析、過濾、萃取、蒸發

一、實驗目的

1. 熟悉實驗室中常用的分離及純化化合物的技巧：傾析、過濾、萃取及蒸發。

2. 瞭解各分離技巧的原理及應用。

3. 各技巧的選擇及運用。

二、相關知識

　　純物質是具有特定性質的元素或化合物。例如水、鹽、糖、鐵、鋁、氧氣等物質，各具有其特定的物理及化學性質，如沸點、熔點、酸鹼性、溶解度及反應性質等。利用這些性質可以將物質鑑定出來，同時若有兩種以上物質混合在一起時，只要彼此之間不反應，也可以利用它們的物理性質特點，將其分離開來。這是實驗室常用的基本技術，也是家庭生活中常可用到的技巧。以下敘述幾個常見的方法：

1. 傾析法(decantation)

　　當固體顆粒較粗，不溶於液體，且能與液體明顯分開而沉澱在燒杯底部時，可考慮用此法。先讓固體靜置、完全沉澱，再將上層液體沿玻棒緩緩注入另一容器中。但注意傾倒時不可將液體部分全部倒乾，以免固體部分也被倒出。且為洗出液體部分，可加入蒸餾水攪拌後，待其靜置沉澱再傾析，重複操作數次，如同家中洗米、洗綠豆之步驟。

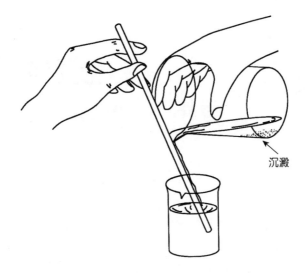

沉澱

⊃ 圖 4-1　傾析法

2. 過濾法(filtration)

當固體與液體共存於溶液中，而固體顆粒並未大到可以完全沉澱時，可選取不同孔隙大小的濾紙以進行過濾，將固體分離出來。有重力過濾與抽氣過濾兩種，所用的儀器及裝置如圖 4-2 所示。

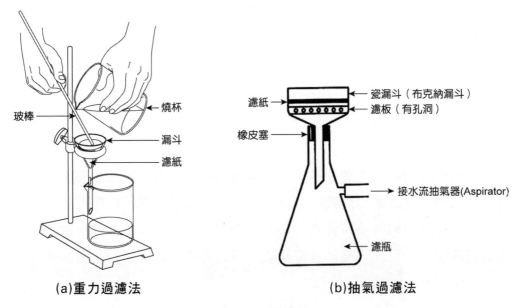

玻棒

燒杯

漏斗

濾紙

(a)重力過濾法

濾紙

瓷漏斗（布克納漏斗）

濾板（有孔洞）

橡皮塞

接水流抽氣器(Aspirator)

濾瓶

(b)抽氣過濾法

⊃ 圖 4-2　過濾法

　　抽氣過濾時，只需選用適合瓷漏斗大小的濾紙平鋪上去，以水沾濕使服貼即可；重力過濾時，則需先將濾紙摺疊後，撕去一角再使用才會黏合，摺法如圖 4-3。

⊃ 圖 4-3　濾紙的折疊法

3. 萃取法(extraction)

用分液漏斗可分離兩層不相溶的液體，一般為油相與水相。通常一物質對不同溶劑，尤其是油相／水相之間極性差異極大的溶劑，其溶解度的差別也很大。例如碘稍可溶於水，但更易溶於乙醚、四氯化碳等有機溶劑中，因此若將乙醚或四氯化碳混入碘水溶液，大部的碘將由水層移入乙醚或四氯化碳層中，重複多做幾次，水中的碘幾乎全部移到乙醚中，最後再將乙醚加熱趕除，即可得到碘結晶。

4. 蒸發或蒸餾(evaporation or distillation)

當混合物中各成分物質的沸點不同時，即適用此法。若只要保留高沸點物質，則可直接用蒸發皿盛裝，以微火或水浴加熱，使低沸點物質蒸發逸出即可。若用蒸餾裝置，如下圖 4-4，則可將高沸點物質再度冷凝而收集得到。

　　在此實驗中，將利用以上四種常見的分離方法，將一類似海水受油污染的混合物分離開來。在後面的「實驗 19－由茶葉中萃取咖啡因」裡，我們將見到此四種技巧再度合作，而將咖啡因提煉出來。另外，在過濾時，可加入活性碳或矽藻土等多孔性固體，因其吸附性極佳，常用做**吸附劑**(adsorbent)，可幫助除去濾液中的色素或其他小分子。在此實驗裡，即利用活性碳來精製粗砂糖使成白糖。

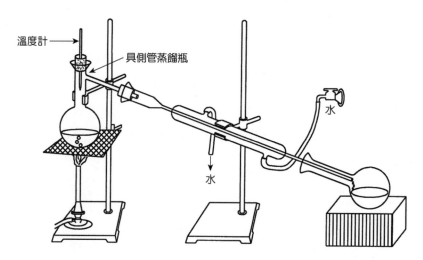

溫度計

具側管蒸餾瓶

水

水

⊃ 圖 4-4　簡單蒸餾裝置

三、藥　品

砂 .... 2 g

鹽 .... 2 g

礦物油(mineral oil) .... 5 mL

蒸餾水 .... 50 mL

粗砂糖 .... 10 g

活性碳(activated carbon) .... 2 小匙

四、器　材

燒杯(100 mL) .... 1 個

　　　(50 mL) .... 1 個

攪拌棒 .... 1 支

抽氣過濾裝置 .... 1 組

分液漏斗 .... 1 個

蒸發皿.. 1 個

加熱裝置.. 1 組

五、實驗步驟

1. 混合物

由教師處取得混合物，或自行混合下列各項於 100 mL 燒杯中：砂子 2 g、鹽 2 g、礦物油 5 mL 及自來水 50 mL。

分離過程的流程圖如下：

2. 傾析

(1) 混合溶液靜置片刻，待砂子明顯沉降至杯底時，取另一 50 mL 燒杯，將油及水溶液部分小心傾析出來，留下固態顆粒較大的砂子。

(2) 油層浮在水層之上，若量很多，也可利用傾析法先予以倒出一部分，萃取時較好操作，且過濾時較不會阻塞濾紙。

3. 過濾

折好濾紙，以重力過濾方法，或用抽氣過濾方式將傾析後的混合物過濾，收集濾液，進行下面的實驗。

※注意：抽氣過濾時，應先拔除橡皮管，再關掉抽氣裝置，以免自來水倒灌而污染濾液。

4. 萃取

將上述濾液（含油及水）置於分液漏斗中，靜置於鐵圈內數分鐘，待液體分層完全後（圖 4-5），即可由下方漏出水層，油層則由上方倒出，併入傾析步驟中先倒出的油裡。

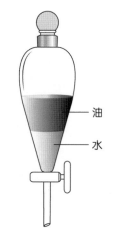

⊃ 圖 4-5　分液漏斗

5. 蒸發或蒸餾

(1) 時間若充裕,可選用蒸餾方法。將水溶液移入燒瓶內,加入沸石煮沸,收集蒸餾出來的水,最後鹽晶體可由濃縮後的液體中冷卻得之。

(2) 若選用蒸發方式,則將水溶液移入蒸發皿,以小火或水浴加熱之,趕出水分後,鹽晶體即可析出。

6. 吸附劑過濾－精製粗砂糖(糖的脫色)

(1) 取 100 mL 燒杯,加入約 10 克的粗砂糖,先觀察顏色、晶體形狀,並聞其味道。用 50 mL 蒸餾水溶解之。

(2) 加入二小匙活性碳,加熱數分鐘後冷卻。

(3) 以抽氣過濾法過濾,分離除去活性碳。最好使用兩張濾紙,以免活性碳透過,影響純度。

(4) 若濾液尚未澄清至透明無色,再加活性碳脫色一次,過濾之。

(5) 加熱濾液趕除多數水分,濃縮糖水,最後再將濾液置於冰浴中冷卻,使白糖結晶出來。

(6) 過濾後,即可得到白糖晶體。

實驗 4

混合物的分離－
傾析、過濾、萃取、蒸發

姓名 _____　系級班別 _____

學號 _____　實驗日期 _____

實驗結果

思考方向

1. 高粱酒中含有 40%的酒精（乙醇）和水，可利用什麼方法將兩者分開？利用的
   是什麼性質？

2. 糖與砂子摻雜的狀況，應如何將其分離？

3. 多次萃取比一次萃取的效果好，例如用 20 mL 的乙醚萃取碘、重複 2 次，比一次用 40 mL、只做一次，水裡的碘剩餘較少，是何原因？

4. 用蒸發方式，趕除揮發性溶劑時，需要用小火或水浴加熱，你知道原因嗎？

認識物質－
物理性質與化學性質

一、實驗目的

1. 學習科學觀察的能力，以察驗日常生活中常見物質的物理與化學特性，例如外觀與燃燒反應等。

2. 培養科學推論的能力，綜合已知物所得之數據，推論未知物質可能為何物。

二、相關知識

　　化學是研究物質之特性與反應的科學，因此對於各種物質的瞭解，首重對其細微與透徹的觀察，這也是初步養成科學態度所必需的。

　　物質的特性乃是一物質所具有，且得以與其他物質區分的特有性質。一般可分類為：物理性質與化學性質。物理性質通常不牽涉到物質的轉變，例如外觀（包括顏色、光澤、氣味、狀態、顆粒大小、觸感等），以及溶解度、密度、沸點、熔點、導電度及酸鹼值等。以上所提的各項物理性質，除外觀外，一般皆可用儀器準確的測定出來，因為在定溫及定壓下，純物質的物理性質是恆定不變的。

　　而化學性質，乃是一種物質轉變成具有另一組特性的新物質的能力與過程。在此實驗中，我們以醋測試含碳酸鹽類的一般膨鬆劑，會產生 CO_2 氣泡。而含澱粉類的粉末將使碘液由紅棕色變成藍紫色；若具氧化力的物品如漂白劑，則可能與碘反應而使紅棕色退掉。至於加熱過程，則常使物質出現不同程度的物理與化學變化，因此導致外觀甚至本質上完全改變。

三、藥　品

1. 下列家庭生活中常見粉末可請學生自備（各人所用廠牌不同，也可互相比較），每組提供至少五種以上，作為觀察之用：

   白糖霜、食鹽、胡椒粉、硼酸、小蘇打粉、粳粉、麵粉、玉米粉或太白粉、白堊（粉筆壓碎成粉）、奶粉、樟腦丸磨粉、洗衣粉、漂白粉等。

2. 另外，準備下列溶液，作為試劑：

   蒸餾水、食用醋、碘液（或藥用碘酒）、酒精（95%酒精，或以市售擦拭醇取代）。

3. 廣用試紙（或 pH meter 較準確）。

四、器　材

試管（各組至少 10 支）及試管架

加熱裝置（酒精燈等）.. 1 組

蒸發皿.. 1 個

放大鏡.. 1 支

五、實驗步驟

1. 外觀

取少許準備好的各種粉末，各倒在不同的稱重紙上，逐一觀察各粉末的外觀（若使用放大鏡可觀察得更仔細），同時可用手觸摸，以鼻子聞之。詳細記錄觀察所得。

2. 溶解度

(1) 將等量的少許粉末分別置入試管中，在各試管中加入 2~3 毫升蒸餾水，將每支試管管口塞住，並搖振之，記錄各物質是否溶解（註：若物質消失且溶液恢復澄清透明，則為溶解；若物質不消失或溶液呈混濁不透明，則為不溶解）。保留此步驟之各溶液，做步驟 3 與 4 之酸鹼度試驗與碘試驗。

(2) 將蒸餾水改用乙醇（酒精）當溶劑，重複上述步驟並記錄之。

3. **酸鹼度**

取步驟 2(1)之水溶液，各取一滴滴至廣用試紙上，對照色圖並判別各溶液之 pH 值。

4. **碘試驗**

取步驟 2(1)之各試管，在各試管中滴入 2 滴碘液，試觀察顏色的變化，記錄結果。

5. **醋試驗**

取各粉末少許，置入乾淨的不同試管中，在各試管中滴入 2~4 滴食醋，觀察是否有氣泡的產生，並記下各變化。

6. **加熱試驗**

取少許粉末，一次一種，置入乾淨的蒸發皿內，以酒精燈加熱約 1~2 分鐘，試觀察粉末是否發生變化？是否產生新物質？是否發出任何味道？試討論其原因。

※注意：只用乾燥粉末，以免噴灑出來

7. **未知物試驗**

由教師發給 1~2 種未知粉末，重複以上各項實驗，觀察並記錄，且推論未知物可能為何物。

🔥 生活小常識

1. **小蘇打(baking soda)**：學名叫碳酸氫鈉(sodium bicarbonate)，是一種具有鹹味的粉末，為烘培蛋糕與麵包的膨鬆劑。炒蔬菜時放入少許，可使菜色鮮綠；燉牛肉時加入少許，可使牛肉滑嫩爽口。常用做食品、蔬菜、肉品加工處理添加物，用途廣泛。此外，將小蘇打放在冰箱內（冷凍室、冷藏室各一包）可消除冰箱內的異味。待冰箱內的小蘇打除臭效用逐漸遞減，可拿出來倒入廚房內的水槽或下水道中，能消除其惡臭。

2. **自製橘汁汽水**：在一玻璃杯中，裝入半杯礦泉水與半杯橘子汁，再加入半茶匙小蘇打與半茶匙糖。橘汁的酸性即與小蘇打產生二氧化碳汽泡，此即為化學變化應用於日常生活之一例。工業上製作汽水，是將 CO_2 氣體加壓使溶入糖水中。

實驗 5

認識物質－物理性質與化學性質

姓名 _____   系級班別 _____
學號 _____   實驗日期 _____

實驗結果

思考方向

1. 在本實驗中，哪幾項屬於物理性質？哪幾項屬於化學性質？

2. 將各項實驗結果，依照不同物質列出來，並推論各物質內容物的主要特性。

3. 各組的觀察及測試結果，有何不同？試以人為主觀性、控制上的差異，及是否有其他變數討論之。

4. 由本實驗中，你認為哪個方法是判別未知物的最佳方法？試討論是否還有其他鑑定物質的方法？

氣體定律－
波義耳定律及查理定律

一、實驗目的

1. 由實驗瞭解波義耳與查理定律所陳述的內容。

2. 由肺模型的觀察,瞭解呼吸作用的進行－氣體交換的原理。

3. 由日常生活中發現氣體溫度、壓力間的應用實例。

二、相關知識

1. **波義耳**(Boyle, 1662)**定律**是指一定量的氣體,當溫度不變時,則氣體體積(V)與壓力(P)成反比關係,即 $V \propto \dfrac{1}{P}$,或寫成 $PV = k$,k 代表一常數。

 在實驗中,我們吹脹一個氣球後將其綁緊,使氣球內的氣體量固定,則氣球之體積大小,乃是當球外的壓力與氣球內的氣體壓力相同時所呈現出的情形。此時若調整氣球外面壓力的大小,則氣球內的氣體為達到與外界壓力相同,將會改變其體積,因此可由氣球大小的改變觀察出來,而印證波義耳定律。

 我們呼吸時,肺內空氣的出入,也是此原理的應用。當橫膈膜下降,胸廓膨脹,胸內壓力因體積增加而變小,故使肺臟膨脹,肺內壓力下降,因此外界的空氣自然就進入肺內;當橫膈膜上升時,肺腔變小,壓力加大,肺葉也隨之縮小,因此將氣體壓出,而達到呼氣目的(圖6-1)。

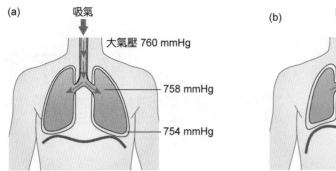
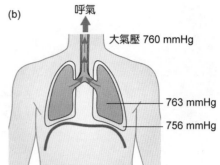

⊃ 圖 6-1

2. **查理給呂薩克**(Charles, Gay-Lussac, 1802)**定律**是指定量的氣體在一定壓力下，其體積(V)與絕對溫度(T)成正比。其關係式為 $V \propto T$，或寫成 $\dfrac{V_1}{V_2} = \dfrac{T_1}{T_2} = k$。簡言之，這也就是「熱脹冷縮」的道理，只是用在氣體上而已。

　　在本實驗中，我們將先拉開一小段的注射針筒，再將其置於冰浴與熱水浴中，觀察其活塞所移動的體積大小。熱氣球與天燈能夠飛上天空，即是此原理的運用：當球內與燈內的空氣因受熱而膨脹，氣體密度變得比外界空氣密度小，因此而緩緩浮上天空。

三、器　材

1. 抽氣瓶(250 mL)與抽氣裝置 .... 1 套

　　橡皮塞 .... 1 個

　　氣球 .... 1 個

2. 鐘形罩附 Y 型叉管 .... 1 支

　　氣球 .... 2 個

　　橡皮手套 .... 1 個

　　橡皮筋（大） .... 1 條

　　香菸 .... 1 根

3. 注射針筒(50 mL) .... 1 支

　　燒杯(1000 mL) .... 2 個

抽氣瓶(250 mL).. 1 個

橡皮塞.. 1 個

橡皮管.. 約 3 cm

鐵絲.. 2 小段

四、實驗步驟

1. 抽氣瓶內的壓力與氣球體積

(1) 將一個小氣球吹脹，並綁緊。氣球大小以剛好可放入 250 mL 抽氣瓶瓶口即可。

(2) 氣球外部可沾點水潤滑，將其塞入抽氣瓶內，瓶口用橡皮塞塞住（橡皮塞不可太小，以免抽氣時被吸入）。裝置如圖 6-2，接水流抽氣裝置或抽氣馬達(water pump)。

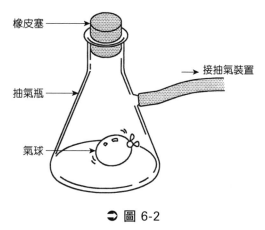

○ 圖 6-2

(3) 利用水流將瓶內空氣帶走，注意瓶中氣球體積之變化。

(4) 拔去抽氣瓶上的支管，使空氣進入瓶中，觀察氣球體積變化。

※ 注意：不可先關抽氣裝置之開關，以免水流倒灌入瓶中。

2. 肺模型

(1) 肺模型的整個裝置如圖 6-3。下面的橡皮薄膜可將橡皮手套剪開來製作。

(2) 用火柴點燃香菸。

(3) 將橡皮膜向外拉及向內壓，模擬橫膈膜的下降與上升，觀察香菸燃燒的情形及煙產生的方向。

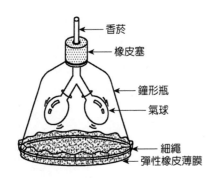

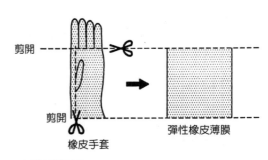

◗ 圖 6-3　肺模型裝置

3. 氣體體積與溫度的關係

(1) 抽氣瓶加橡皮塞後，靜置於冰浴中冷卻至少 5 分鐘，使其溫度達平衡，記下溫度。

(2) 抽氣瓶分支處接上一支注射針筒（圖 6-4），針筒栓塞推至底，即體積 0 mL，注意整個系統不可漏氣。

(3) 將系統移出冰浴，放置約室溫的水浴中，數分鐘後，當活塞不再移動時，記下水浴溫度及栓塞之體積。

(4) 緩緩將水浴加熱，當溫度上升至約 70℃ 時，儘量保持該溫度數分鐘，當活塞不再移動時，記下溫度及體積讀數。

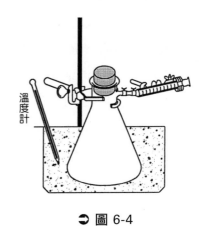

◗ 圖 6-4

實驗 6

氣體定律－波義耳定律及查理定律

姓名 ＿＿＿＿＿＿＿＿＿＿＿＿＿＿＿　系級班別 ＿＿＿＿＿＿＿＿＿＿＿＿＿＿＿

學號 ＿＿＿＿＿＿＿＿＿＿＿＿＿＿＿　實驗日期 ＿＿＿＿＿＿＿＿＿＿＿＿＿＿＿

實驗結果

思考方向

1. 步驟 1 中，若改為向瓶內灌入更多氣體，則氣球應會如何變化？

2. 找一找資料，看看熱氣球與天燈的構造是如何？試畫出來，再探討其原理。

3. 步驗 3 中,試將各溫度與體積的讀數代入 $\dfrac{V_1}{V_2} = \dfrac{T_1}{T_2} = \dfrac{273 + t_1}{273 + t_2}$ 式中,T 為絕對溫度,t 為攝氏溫標,請問是否符合?並預測 100°C 時,體積讀數應為多少?

4. 夏天時,汽車輪胎打氣要比冬天打少一些,是什麼原因呢?

理想氣體定律式－氣體分子量的測定

一、實驗目的

1. 進一步認識氣體體積與溫度、壓力及莫耳數間的關係。

2. 印證理想氣體方程式所導出的 $PM = DRT$ 計算式，並求出分子量。

3. 計算過程之練習。

二、相關知識

　　理想氣體是一個理論上的觀念，為了簡化，我們假設理想氣體分子間的距離很大，而且進一步假設分子本身所佔的體積為零，而分子間也沒有吸引力，但在真實氣體中這兩個因素卻不可忽略，只有在高溫低壓的狀況之下，當真實氣體分子間的距離變大，真實氣體的行為才會接近理想氣體。

　　依照波義耳定律、查理定律及亞佛加厥定律，對理想氣體體積 (V) 在絕對溫度 (T)、壓力 (P) 作用下，與莫耳數 (n) 的關係，結合而成的理想氣體方程式為：

$$PV = nTR \qquad 氣體常數\ R = 0.082\ \text{atm·L/mole·K}$$

但因莫耳數 (n) 為重量 (W) 除以分子量 (M)，因此代入上式

$$PV = \frac{W}{M}RT$$

即 $\quad PM = \dfrac{W}{V}RT$

因為重量(W)除以體積(V)乃是密度(D)，故上式亦為

$$PM = DRT \hspace{4cm} (1)式$$

　　在實驗中，我們若能使用揮發性很大，而且遇熱不會分解的固體或液體，稱重後使其蒸發，則其蒸氣可假設為依循理想氣體定律。因此可在定溫、定壓下測得其蒸氣密度，然後代入(1)式中而求得該物質的分子量。

　　在固體的實驗中，可取用氯酸鉀，以二氧化錳當催化劑，使其加熱分解，產生氧氣，可用以測定氧氣的分子量。其反應方程式為：

$$2\ KCl_{3(s)} \xrightarrow{\ \ \Delta\ \ } 2\ KCl_{(s)} + 3\ O_{2(g)}$$

　　因氧氣之收集，用到排水集氣法，因此氧氣中會含有水蒸氣分子，故計算時，測得的壓力應減去當時溫度下的飽和蒸氣壓，才是純氧氣的蒸氣壓。

三、藥　品

1. 揮發性之未知液體 .... 3 mL
   可由下列中任取一項：甲醇、乙醇、乙醚、丙酮、正己烷、乙酸乙酯等，或其他揮發性高、毒性低之物質。

2. 鉻酸鉀 .... 1~1.5 g

   二氧化錳 .... 0.5~0.8 g

四、器　材

圓底燒瓶或錐形瓶(125 mL) .... 1 個

燒杯(500 mL) .... 1 個

量筒(100 mL) .... 1 個

　　(10 mL) .... 1 個

鋁箔(4 cm×4 cm) .... 1 塊

溫度計 .... 1 支

鐵架、鐵夾及加熱裝置 .... 1 套

排水集氣裝置 .... 1 套

五、實驗步驟

1. 利用蒸氣密度測定揮發性液體的分子量

(1) 取一完全清潔且乾燥的 125 mL 錐形瓶（或圓底燒瓶），瓶口以鋁箔包裹，精稱此裝置之重量至 0.001 g，並記錄之(W_1)。

(2) 拆下鋁箔，錐形瓶內置入約 3 mL 揮發性純液體，再蓋上原鋁箔，密封之，並以細針在鋁箔中心刺一小孔（注意：此孔愈小愈佳！）

(3) 取 500 mL 大燒杯，內裝約 3/4 滿的水，並裝置如圖 7-1。

(4) 加熱燒杯，使水沸騰，亦即隔水加熱，觀察瓶內液體至完全蒸發（無液滴時），取出錐形瓶。同時記下此時水溫(t)及室內氣壓(P)。

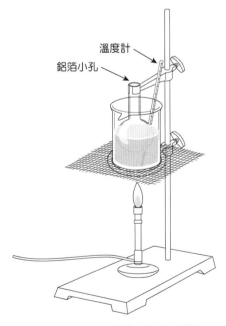

溫度計

鋁箔小孔

➲ 圖 7-1　測量蒸氣密度的裝置

(5) 用乾布擦乾錐形瓶外部之水分，並使其靜置冷卻，不要拆去鋁箔。待冷卻至室溫時，將瓶及鋁箔一起稱重，精稱並記錄之(W_2)。

(6) 拆去鋁箔，將錐形瓶裝滿水，再以量筒儘可能準確量出錐形瓶內的水體積(V)。

(7) 錐形瓶內的蒸氣重量(W) = $W_2 - W_1$

將以上數據代入計算式 $PM = \dfrac{W}{V}RT$ 中（注意：單位要一致），即可求出此揮發性液體的分子量(M)。

(8) 將實驗值與理論分子量比較，並計算百分誤差為多少。

2. 加熱氯酸鉀以測定氧氣的分子量

(1) 取約 0.5~0.8 g 的二氧化錳，置於一清潔且乾燥的試管中，加熱約 3~4 分鐘，趕除水氣後，冷卻至室溫，並加入 1~1.5 g 氯酸鉀，完全混合後，精確稱重至 0.001 克並記錄(W_1)。

(2) 集氣瓶裝滿水後，裝置如圖 7-2 之排水集氣裝置。

※注意：插入集氣瓶內的玻璃管至少應有 2/3 的瓶高，以免太短！

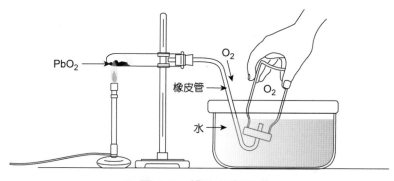

● 圖 7-2　排水集氣裝置

(3) 左右來回加熱試管中的氯酸鉀，約 5 分鐘後，停止加熱。並使全套裝置靜置，冷卻至室溫。記錄室溫(t)與室壓(P_1)。

(4) 垂直調整集氣瓶位置，使瓶內外水面一致，此時瓶內氣體壓力等於外界大氣壓力，用油性簽字筆在瓶壁標示出此時水面的位置。

(5) 取出集氣瓶，加水至所標示的記號處，並以量筒精確量出水的體積，此即所收集氣體的體積(V)。

(6) 以溫度計測量此時的水溫，並由飽和水蒸氣壓力表，讀取此溫度下的飽和水蒸氣壓力(P_2)（參閱附錄二）。

(7) 拆除試管，精確稱量試管及剩餘物的總重並記錄之(W_2)。

(8) 計算：氧氣重量(W) = $W_1 - W_2$

氧氣壓力(P) = $P_1 - P_2$

絕對溫度(T) = $t + 273$

將以上所得數據，調整單位使其一致後代入 $PM = \dfrac{W}{V}RT$ 式中，即可得出氧氣分子量。

3. 廢物處理

(1) 先以 5 mL 水清洗錐形瓶，並倒入有機溶液廢液桶中。

(2) KCl 可加水溶解，故可與 MnO_2 過濾分離，烘乾後貯藏可再使用，$KCl_{(aq)}$則蒸發後結晶乾燥貯存。

實驗 7

理想氣體定律式－氣體分子量的測定

姓名	_____	系級班別	_____
學號	_____	實驗日期	_____

實驗結果

思考方向

1. 揮發性液體的測量中，為何要在鋁箔上刺一小孔？又為何小孔愈小愈好？由以上推論，可否不用鋁箔，而保持瓶口敞開？

2. 若實驗時，液體未完全蒸發，是否會影響實驗結果？因此，所用液體體積的多寡，是否影響結果？

3. 在此實驗中，是否仍有其他產生誤差的因素？試列舉並說明之。

4. 將某揮發性液體，置於 130 mL 燒瓶中，利用本實驗方法，大氣壓為 1 atm，水溫為 77°C，若液體的分子量為 46 克／莫耳，則蒸發為氣體的重量是多少克？

5. 何謂催化劑？它是如何影響化學反應？

6. 試由反應式中計算氯酸鉀含氧百分組成的理論值。並由所產生氧氣的重量，推算出原來所用氯酸鉀的準確重量應為多少克？

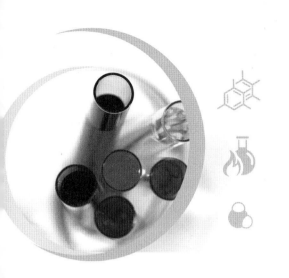

水的物理及化學性質

一、實驗目的

　　水為日常生活不可或缺，但仍有許多不為人們熟悉的重要物理與化學性質，在本實驗中將加以探討。

二、相關知識

　　水與生命有極為密切的關係，每年有數百萬噸的雨水降落在地面，大部分的雨水流到海洋，或被動植物吸收後排泄，一部分則被人類收集利用，用髒後再丟棄。因此自然界的水資源看似源源不絕，事實上是在一個大循環中，不斷地被利用、淨化、再使用而已。因此，被污染的水若無法在大自然的循環過程中重新被淨化，則將對地表及生命造成極大災害，如同身體內的血液，若無法天天淨化，長時間下來必會生病一般。

　　純水是透明、無色、無臭、無味之液體，在 0°C 時凝固，100°C 時沸騰（標準一大氣壓），另具有下列各主要性質：

1. **極性**：水因具有極性，可溶解許多離子及極性化合物，如鹽、糖等分子；但汽油、油脂等非極性化合物則不溶而分層。因此水在生理機能中擔任極重要的運輸機能。

2. **表面張力**：水分子的極性也造成其表面張力，因水分子間有很強的吸引力，故表面上的水分子被向內拉而如同一彈性膜，具有收縮至最小面積的趨勢。但水中若溶有其他物質，將減小其表面張力，尤其肥皂、清潔劑等界面活性劑，影響最大。

3. **結晶水**：自然界中的水分並不完全以游離的水分子狀態存在，經常在許多鹽類的組成中找得到，稱為該水合物的結晶水，加熱時可分辨出所含結晶水量的多寡。有些結晶水經強熱分離後，水合物的晶體形狀即破壞，有些卻可再回復，例如硫酸銅即是。有些鹽類化合物暴露於空氣中會吸收水分而變潮，稱為**潮解**，有些則會失去水分而變乾燥，稱為**風化**。

4. **酸鹼反應**：水分子本身雖然不易分解，但卻可與許多物質作用而產生酸鹼性，或可促進某些化學變化的進行。例如在食品烘焙上常用的醱粉，即是利用一種酸與鹼的化合物混合配方，但只在水的存在下兩者才會開始反應，並放出二氧化碳，而使糕餅產生膨鬆之效果。

三、藥　品

1. 環己烷等非極性溶劑 .... 10 mL
   （儘量選用毒性低，揮發性小者）
   蒸餾水 .... 10 mL

2. 蒸餾水 .... 5 mL
   1% NaCl 水溶液 .... 5 mL
   1% 肥皂水 .... 5 mL
   1% 酒精／水 .... 5 mL
   細胡椒粉末（或用硫粉也可）... 少許

3. 氯化鈉(NaCl)... 1 g
   硫酸銅($CuSO_4 \cdot 5H_2O$) .... 1 g
   硫酸鋁($Al_2(SO_4)_3 \cdot 18H_2O$)... 1 g
   氯化鋇($BaCl_2 \cdot 2H_2O$).. 1 g

4. 氯化鈣($CaCl_2$)... 少許顆粒
   硫酸鈉(Na_2SO_4)... 少許顆粒

5. 金屬鈉(Na)
   紅色石蕊試紙

6. 氧化鈣(CaO).. 0.5 g

   紅色石蕊試紙

7. 硫粉(S)

   藍色石蕊試紙

8. 硫酸鋁鈉[$Na_2Al_2(SO_4)_4$, SAS]................................... 0.5 g

   碳酸氫鈉（$NaHCO_3$，小蘇打）............................... 1 g

四、器 材

1. 錶玻璃.. 2 個

2. 乾燥試管... 4 支

3. 滴定管.. 2 支

   塑膠尺.. 1 把

   燒杯(100 mL).. 2 個

4. 試管.. 4 支

5. 鑷子.. 1 支

   燒杯(250 mL).. 1 個

   玻璃棒.. 1 支

6. 錶玻璃.. 1 個

7. 錶玻璃.. 1 個

   打火機.. 1 個

8. 錐形瓶(100 mL)... 1 個

五、實驗步驟

1. 風化與潮解

(1) 取數粒氯化鈣及硫酸鈉晶體，各置於兩個錶玻璃上。

(2) 靜置至實驗課結束，觀察其變化結果。

2. 水合物與結晶水

(1) 取 4 支乾燥試管，分別置入下列化合物各 1 g：

(a) NaCl

(b) $CuSO_4 \cdot 5H_2O$

(c) $Al_2(SO_4)_3 \cdot 18H_2O$

(d) $BaCl_2 \cdot 2H_2O$

(2) 將各試管以水平方式在底部加熱，並注意較冷區域的冷卻情形，觀察並記錄冷凝下來的水分之量。

(3) 待裝硫酸銅的試管冷卻後，再加數滴蒸餾水至管中殘渣，觀察顏色及晶體形狀有否變化？

3. 極性

(1) 兩支滴定管中分別裝入 10 mL 水和環己烷溶劑。

(2) 在腋下摩擦塑膠尺使產生靜電（可撕些薄薄的小紙片，看是否被吸起）。

(3) 打開滴定管，使液體流下呈一直線，將摩擦後的塑膠尺靠近水流，觀察是否彎曲。

(4) 同上，改試環己烷，觀察是否使液流變彎曲。

4. 表面張力

(1) 取 4 支乾燥試管，分別加入下列溶液各 5 mL：

(a)蒸餾水　(b) 1% NaCl 水溶液　(c) 1% 肥皂水　(d) 1% 酒精水溶液

(2) 各試管內各輕輕灑上細胡椒粉末（或用硫粉也可），輕敲管壁，並觀察記錄哪些試管內的水面較不易破壞？哪些試管中的水面破壞、胡椒粉下沉？

5. 與活潑金屬反應

(1) 用鑷子取一小塊（如綠豆大小）的金屬鈉，慢慢放至一個盛半滿水的大燒杯中，注意反應可能很劇烈，應小心！觀察記錄之。

(2) 反應停止後，以玻棒攪拌水溶液，並滴至一片紅色石蕊試紙上，觀察顏色變化。

6. **與金屬氧化物反應**

取 0.5 g CaO 置放在錶玻璃上,淋上約 2 mL 蒸餾水,使其完全潮濕,等一、二分鐘後,再以紅色石蕊試紙試其溶液,觀察顏色變化。

7. **與非金屬氧化物反應**

取少許硫粉,置於蒸發皿內,加熱燃燒之,待稍冷卻即加 2 mL 蒸餾水,再以藍色石蕊試紙試之。

8. **醱粉試驗**

(1) 混合 0.5 g 硫酸鋁鈉與 1 g $NaHCO_3$ 於稱重紙上,然後倒入一乾燥三角錐瓶中,觀察有否反應發生。

(2) 加 20 mL 蒸餾水至瓶中,觀察變化。

🔥 生活小常識

1. 水的密度:熱水冷卻時,體積會逐漸收縮,但不同於一般物質的是,在 4°C 時,密度達到最大(體積縮至最小),若繼續降溫,體積反而漸漸膨脹,因此水結冰時體積脹為 1.1 倍,密度變小,而浮在水上,這個性質很重要,因為海底生物因此得以在寒冬中存活。

2. 大自然是最好的化學師。水在地殼裡流來流去,在土地裡把許多礦物質混在一起,而地球中心的高熱迫使熔化的岩石流向地面,熔岩裡的礦物在水分逐漸蒸發以後留存下來,即生成結晶。水的蒸發愈慢,結晶就愈大。結晶形狀和顏色千變萬化,晶體精緻又完美。有些國家即因蘊藏某些類的結晶而聞名,例如南非的鑽石,巴西的紫水晶等。

3. 雨水穿過空氣掉落,收集和溶解了一點二氧化碳氣體,當這雨滴掉到地面滲入土裡時,若土裡含有石灰石或白堊,那麼雨水就因含有鈣、鐵、鎂等離子而變成了硬水。硬水不容易和肥皂混合,在硬水中很難洗淨衣服。硬水也會在水壺和洗衣機裡形成一層像舌苔一般的硬物質,就是水垢。然而硬水很適宜飲用,對我們的身體沒有任何害處(知道為什麼嗎?)

　　想知道家裡用的水是硬水還是軟水嗎?試觀察常用來煮水的水壺裡面,若有許多水垢,就知道是硬水了。

實驗 8

水的物理及化學性質

姓名 _____ 系級班別 _____

學號 _____ 實驗日期 _____

實驗結果

思考方向

1. 請畫出水分子的結構,並表現出其極性所在。

2. 試討論本實驗中哪一化合物易風化?何者易潮解?試想,餅乾包裝中常放的乾燥劑包,可能裝有哪類化合物?

3. 何謂硬水、軟水？為何水質需要軟化？需用什麼方法軟化？水的硬度常以何種單位表示？

4. 水與活潑金屬反應，生成何物？試寫出反應式。

5. 水與金屬及非金屬氧化物作用後，有何現象？

6. 由本實驗結果，你可否推論為什麼醱粉要保存於密封罐中？

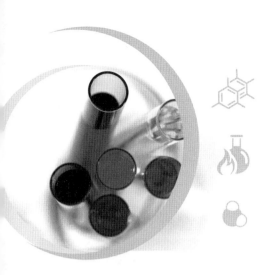

認識溶液－
膠體溶液之配製

一、實驗目的

1. 由學習製備膠體溶液的過程中，認識溶液的特性。

2. 思考膠體溶液在生理及生活上的重要性與應用範圍。

3. 瞭解起雲劑與塑化劑。

二、相關知識

　　一般的溶液中，若依溶質的顆粒大小來分類，可分為：

1. **真溶液**(real solution)：溶質顆粒約 1Å (10^{-8} cm)左右，可均勻分佈在溶劑中，故呈現澄清透明，常稱為「完全溶解」。例如食鹽水、糖水等都是。溶質、溶劑無法以過濾方式分離。

2. **懸浮液**(suspension)：溶質顆粒均超過 10,000Å (10^{-4} cm)，溶液呈不均勻混濁狀，攪拌後可暫時分散較均勻，但靜置片刻，隨即沉澱下來。例如水和泥土的溶液即是。溶質和溶劑間易以過濾法分離。

3. **膠體溶液**(colloidal suspension)：溶質顆粒大小，約 10~1000 Å，介於上述兩種溶質之間。膠體粒子例如動物膠質、澱粉、蛋白質等，並不會溶於溶劑中，也不會沉澱，而是維持懸浮分散在液體中，因此也稱膠體分散系 (colloidal dispersion)。肉眼看來為均勻溶液，但因粒子較大，會折射光線，故溶液呈混濁狀，故稱為膠體溶液。且不再使用溶質與溶劑之名稱，而改稱為分散質和分散

媒。膠體溶液不易過濾分離，但常用透析法除去雜質，達到精製目的。具流動性的膠體稱為溶膠(sol)，凝固狀的稱為凍膠(gel)。

膠體溶液的種類，依分散媒與分散質的形態不同，常見的有八種（氣體與氣體混合必屬真溶液）：

分散媒	分散質	外觀（名稱）	實例
氣體	液體	液態氣溶膠(aerosol)	雲、霧氣、髮麗香等噴霧製品
氣體	固體	固態氣溶膠(aerosol, dust)	空氣中的黑煙、灰塵、慕絲
液體	氣體	泡沫(foam)	肥皂泡沫
液體	液體	乳膠(lotion)	牛奶、蛋黃醬、一般保養用乳液
液體	固體	溶膠(suspension)	油漆、墨汁、漿糊
固體	氣體	固態泡沫(foam)	麵包、饅頭、海綿、浮石
固體	液體	固態乳膠(gel, cream, ointment)	髮膠、藥膏等
固體	固體	固態溶液 (cream, ointment, suspension)	玻璃、合金、有色塑膠

上表中的乳膠(lotion)為兩種不互溶的液體所形成，一般分為油相與水相兩層，若劇烈攪拌可成膠狀互溶，但不久即分層，故常需乳化劑（界面活性劑）才能完全乳化，常見的有油中含水（W/O 型）和水中含油（O/W 型）兩型。

膠體溶液之製法，可分為凝聚法和分散法兩大類。凝聚法是利用化學反應，調節濃度、溫度及 pH 值等性質，而使小分子集結成顆粒大小恰在膠體範圍之粒子。例如氫氧化鐵[Fe(OH)$_3$]及硫化亞砷(AS$_2$S$_3$)膠體溶液。分散法則相反，將較大的分子化合物分裂磨碎或溶解成為膠體粒子大小而形成。例如澱粉、明膠(gelatin)、蛋白質等天然高分子溶液即是。

構成生物體的基本物質－蛋白質，是一種天然高分子，其大小在膠體的範圍內，如血液即是，可見生命現象與膠體分散狀態有密不可分的關係。食品、化妝及保養產品也常見膠狀物質，膠體化學已成為近代一門重要的研究課題。

三、藥　品

1. 蒸餾水 .... 25 mL

   10% NaOH .... 5 滴

   10% $FeCl_3$ .... 12 滴

2. 可溶性澱粉(starch) .... 1 g

   蒸餾水 .... 50 mL

3. 明膠或洋菜 .... 0.5 g

   蒸餾水 .... 10 mL

4. 工業用酒精 .... 20 mL

   飽和醋酸鈣水溶液 .... 3 mL

   （可多加到完全不溶並滴入 NaOH 溶液使成鹼性）

5. $Al_2(SO_4)_3 \cdot 18H_2O$ .... 0.7 g

   非肥皂（肥皂粉） .... 0.1 g

   碳酸氫鈉(NaHCO$_3$) .... 0.5 g

6. 1%非肥皂水溶液 .... 5 mL

   正己烷(n-hexane) .... 數滴

7. 正己烷(n-hexane) .... 2 mL

   油酸(oleic acid) .... 2 滴

   氧化鎂(MgO) .... 少量

   蒸餾水 .... 20 滴

四、器　材

燒杯(50 mL) .... 1 個

　　　(100 mL) .... 1 個

加熱器（酒精燈或本生燈） .... 1 個

試管 .... 數支

蒸發皿或金屬瓶蓋 .... 1 個

（以便點火燃燒，約直徑 5 cm、高度 2 cm）

拋棄式塑膠滴管 .... 數支

五、實驗步驟

1. 氫氧化鐵膠體溶液

(1) 取約 25 mL 的蒸餾水置於 50 mL 燒杯中，加熱至沸騰。

(2) 當水沸騰時，先加入 5 滴 10% 氫氧化鈉溶液，再加入 12 滴 10% 氯化鐵 ($FeCl_3$)溶液後放冷，即可得氫氧化鐵膠體溶液，觀察並記錄過程及變化。

2. 澱粉溶液

(1) 取一個 100 mL 燒杯，裝 50 mL 蒸餾水，加熱至沸騰。

(2) 稱取 1 g 可溶性澱粉，置於 50 mL 燒杯中，並加少許水調成糊狀。

(3) 將上述澱粉液緩緩倒入沸水中，並再保持沸騰約 5 分鐘，冷卻即可。

3. 明膠(gelatin)或洋菜膠液

(1) 取 0.5 g 明膠或洋菜置於 100 mL 燒杯中，並加入約 50 mL 蒸餾水，先攪拌均勻。

(2) 緩慢加熱上述溶液，並時時攪拌，使之完全溶解成均勻溶液。觀察並記錄膠液的顏色及穩定性。

4. 酒精凍膠溶液

(1) 將 30 mL 工業用的酒精（粉紅色）放在 100 mL 燒杯中。

(2) 一邊攪拌一邊加入 20 mL 飽和醋酸鈣水溶液，加完後繼續攪拌至形成膠狀。

(3) 靜待數分鐘後，試將鋁盤倒置，內容物若不流動或掉下，即已固化，可切下一小塊置於石綿心網上，用打火機點火燃燒，觀察並記錄結果。

※注意：若不易固化，可暫置於冰箱冷凍櫃中，以助形成。

5. 化學泡沫

(1) 配製 A 溶液：0.7 g Al$_2$(SO$_4$)$_3$．18H$_2$O 加入 0.1g 非肥皂，混合研磨後，加入 5 mL 蒸餾水溶解之。

配製 B 溶液：取 0.5 g NaHCO$_3$ 加 5 mL 蒸餾水溶解之。

(2) 將 A、B 兩溶液混合後，觀察其結果。

6. O/W 型乳膠

(1) 取 5 mL 的非肥皂水溶液（1:100 之比例），置於試管內。

(2) 逐滴加入正己烷，每加一滴就劇烈搖晃，觀察結果。

7. W/O 型乳膠

(1) 取 3 mL 正己烷，加入 3 滴油酸及極少量氧化鎂攪拌之。

(2) 再一邊攪拌一邊加約 20 滴蒸餾水，搖晃試管，觀察結果。

8. O/W 及 W/O 型乳膠之比較

取一小燒杯裝半杯水，另取拋棄式滴管吸取步驟 6、7 所製作的兩種乳膠，各滴 2~3 滴於水中，觀察比較兩者溶於水中的情形。

🔥 生活小常識

1. 海水是一種濃鹽水溶液，因為雨水在無數的歲月中不斷收集地底岩石裡的礦物鹽類，雨水流入海中，因此把這些鹽積存在海水中。

2. 明膠(gelatin)是動物膠，是以熱水長時間處理膠蛋白時所得之水溶性蛋白質的總稱，為不均勻的物質，可作照相及接合劑。

3. 酒精固化後之產物，即為時常在餐廳看到的加熱用之固態酒精。

4. 膠體溶液的分散媒若為水，可分為親水膠與疏水膠兩類。疏水膠的膠體粒子一般帶有電荷，易受少量電解質影響，會吸附異性電荷而沉澱，例如氯化銀、氫氧化鐵膠體均屬此類。一般河流中的礦物鹽類流至出海口時，遇海水中的電解質，即易沉澱而形成三角洲。另外，如洋菜、澱粉、肥皂、阿拉伯膠等即為親水膠，少量電解質不影響，但電解質量多時仍會生成沉澱，例如肥皂水溶液中加入大量食鹽可使肥皂析出，豆漿中加入石膏即成為豆腐，這稱為鹽析作用。鹽析作用除了中和電荷還會

使水合的膠體粒子脫水。親水膠可加入疏水膠中，以保護其不受少量電解質影響，故稱保護膠，例如墨水中常加入阿拉伯膠當保護膠。

5. 化妝品及保養產品中，常用去離子水(DI water)，將水中的離子去除，即是為了避免乳化後之膠體溶液因離子作用而分層或沉澱。

6. 起雲劑(cloudy agent)：起雲劑是食品添加劑，通常由阿拉伯膠、乳化劑、葵花油、棕櫚油等多種食品添加物混合製成，在食品衛生規範內可合法使用。其主要作用是幫助食品的乳化，例如運動飲料、非天然果汁及果凍、果醬、優酪乳等食品中皆有添加，可避免混合物沉澱或油水分離，是製造便宜的假食品的重要原料。

7. 塑化劑(plasticizer)：塑化劑主要是指具有鄰苯二甲酸酯(phthalates)結構的工業用原料，常添加到塑膠中以增強彈性、透明度、耐用性和使用壽命。由於這些塑化劑分子易釋放到環境中，因此會對人們健康造成威脅，歐美國家已逐漸禁用。但因價格相對便宜，且具有起雲劑的相似效果，因此被不法商人添加入起雲劑中，而造成台灣的「塑化劑風波」。

實驗 9

認識溶液－膠體溶液之配製

姓名	_____	系級班別	_____
學號	_____	實驗日期	_____

實驗結果

思考方向

1. 試由日常生活中例舉三種你所知道的膠體溶液。

2. 澱粉若不加熱，可否形成膠體溶液？

3. 不同的澱粉所形成的膠體溶液各具特色，試用不同的澱粉，如太白粉、地瓜粉、玉米粉、麵粉等比較之。

4. W/O 型乳膠與 O/W 型乳膠，外觀上有何差異？

5. 試寫出氯化鐵製備成氫氧化鐵膠液的化學方程式。

6. 實驗中所製備的化學泡沫，即是常見的化學滅火劑，試問產生的泡沫是什麼氣體？

滲透作用與透析

一、實驗目的

1. 瞭解滲透作用之原理。

2. 滲透壓之計算。

3. 透析的應用與過程。

二、相關知識

滲透作用(osmosis)是指液體自然流過薄膜的過程。當薄膜兩側的水溶液濃度不同時，溶質因分子較大，無法透過半透膜，而水分子較小，則由低濃度一方移向高濃度一方，因此使溶液漸稀釋而達平衡。

這種促使通過膜的壓力，即稱為滲透壓。若要防止滲透現象的發生，則需在高濃度溶液端施加壓力才可。滲透壓的作用，對生物體液而言，是一項相當重要的機制。例如血管靜脈注射時，注射液的滲透壓必須與血液的滲透壓一致（約 7.7 atm），否則會使紅血球細胞因水滲入而脹破，或因脫水而萎縮。

一般用於滲透作用的薄膜，稱為半透膜。其材料常用牛的膀胱膜、魚的浮袋膜等動物膜，或膠棉(collodion)、賽珞凡（cellophane，俗稱玻璃紙）等人造薄膜。因各膜上的孔隙大小範圍可加以選擇，因此可用來隔開兩溶液，並使溶劑、低分子量物質、電解質離子等通過薄膜，反之，高分子及膠體(colloid)粒子卻不易通過，利用這種特性即能將溶液中的低分子量物質與高分子膠體物質分離出來，而這種方法就稱為滲析或透析(dialysis)。若將電極分別插入兩溶液中，促使離子的通過，則稱為電透析(electrodialysis)。

　　透析作用的實例很多：動脈血液中的養分移入細胞內，細胞內的廢物移至靜脈血液中；以及腎臟中的數百萬個腎元細胞的細胞膜只允許水、血糖、胺基酸和廢物通過，但不允許血蛋白及血球細胞通過，正常狀況下，水及電解質等可再被吸收進入血液，而廢物（主要為尿素）則被排放至尿液中。當腎臟失去功能時，以上血液的透析與純化則須藉助洗腎機的半透膜來進行。

三、藥 品

1. 20% 蔗糖水溶液

　　蒸餾水

2. 0.1M 高錳酸鉀($KMnO_4$)水溶液 .... 10 mL

　　普魯士藍水溶液或任何墨水溶液 .... 10 mL

　　1% 澱粉液 .... 5 mL

　　1% 鹽水溶液 .... 5 mL

　　蒸餾水

　　碘液 .... 3~4 滴

　　1M $AgNO_3$ 溶液 .... 3~4 滴

四、器 材

1. 半透膜（20 cm 長）.. 1 段

　　棉線

　　玻棒（15 cm 以上）... 1 支

　　橡皮塞 .... 2 個

　　橡皮圈 .... 1 條

2. 半透膜（15 cm 長）.. 3 段

　　棉線

　　燒杯(250 mL)... 3 個

　　攪拌器及磁石 .... 1 組

五、實驗步驟

1. 滲透作用與滲透壓

(1) 取一長度大於 15 cm 的玻璃棒，插上一橡皮塞（直徑略小於半透膜寬度）。玻棒另一端插入另一橡皮塞，垂直固定於鐵架上（圖 10-1）。

(2) 剪下約 20 cm 半透膜，先浸泡於蒸餾水中片刻，待其變軟即可撥開成管狀，先將其一端以線綁緊。

(3) 將 20% 糖水倒入半透膜管中至約 1/2 高度。

(4) 將此半透膜管另一端綁緊於插著玻棒的橡皮塞上，並在靠近橡皮塞附近輕剪一小裂口，以利空氣逸出。

(5) 取一燒杯，內裝蒸餾水，外部套上一條橡皮圈。

(6) 將半透膜管放入燒杯內並調整其高度，使內部糖水液面與外面蒸餾水同高，燒杯外的橡皮圈則移至蒸餾水液面，以標明原始高度。

(7) 每隔 15 分鐘觀察並記錄兩水面高度差，視實驗時間而定，儘量觀察至滲透膜內部糖水液面不再上升為止。

註：本實驗步驟僅在觀察滲透之現象。若能用透析試管之裝置（如圖 10-2），則可在達平衡時精確量出水面高度差，並由糖水密度換算成壓力，此即為滲透壓。

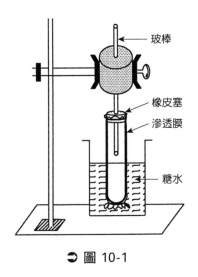

⊃ 圖 10-1

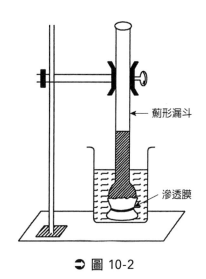

⊃ 圖 10-2

2. 透析

(1) 剪下三段 15 cm 長的半透膜，先在蒸餾水中泡軟，撥開成管狀，一端並用線綁緊。

(2) 在三個半透膜內分別裝入下列各溶液，並保留適當空間，在另一端用線綁緊。

　(a) 10 mL 0.1M KMnO$_4$ 水溶液。

　(b) 10 mL 普魯士藍水溶液或任何墨水溶液。

　(c) 5 mL 1%澱粉液和 5 mL 1%鹽水溶液混合均勻。

　※注意：① 勿使各溶液沾到半透膜外面。若不小心沾到，應用洗瓶裝蒸餾水徹底洗淨，以免影響實驗結果。

　　　　② 膜內應保留適當空間，以免水擴散進去而脹破。

(3) 取三個燒杯，加入蒸餾水，並將上述三個透析袋（模擬的細胞膜）分別放入三個燒杯中。蒸餾水需蓋過透析袋（圖 10-3）。

(4) 將燒杯放置攪拌器上。投入磁石後，緩慢逐步轉動磁石，此因低分子量分子及離子擴散出半透膜後，膜外之濃度會升高，若不儘早攪拌使分散，則可能又會擴散回透析袋內，影響透析速率。

(5) 觀察並記錄 KMnO$_4$ 溶液與墨水溶液的顏色變化及移動。

(6) 約 10 分鐘後（時間若許可，可久些以使透析更完全），在第三個燒杯中，直接滴入 3~4 滴碘溶液，若出現藍黑色，表示澱粉存在；並直接滴入 3~4 滴 1M AgNO$_3$ 溶液，若有白色沉澱，則是有氯離子存在。

(7) 試由觀察結果，討論普魯士藍、澱粉及鹽是否有通過透析膜？

透析袋

磁石

➲ 圖 10-3

🔥 生活小常識

　　本實驗中，滲透現象是指溶劑由低濃度透過半透膜移向高濃度而使其稀釋，此為溶液的自然現象。若對濃溶液端加壓，使溶劑向反方向進行，則可使濃度高者更加濃縮，或使溶存的有機物濃縮分離，此方法稱為**逆滲透**(reverse osmosis)。此法常用於海水、地下鹽水的淡化、紙漿廢液的靜化、電鍍廢水處理、乳漿之處理、砂糖溶液的濃縮等，也是市面上常見的 RO 濾水器所用的方法。

滲透作用與透析

姓名	_____	系級班別	_____
學號	_____	實驗日期	_____

實驗結果

思考方向

1. 滲透作用中，為什麼水分子是由低濃度移向高濃度區域？

2. 舉出滲透與透析在體內的重要性？

3. 日常生活中，是否還有哪些例子是應用滲透與透析作用的結果？

4. 鹽漬法與糖漬法常用來保存食物，例如醃菜與蜜餞便是此類典型產品。試從造成腐敗的微生物細胞之角度，探討滲透壓所扮演的角色？

5. 使用含有高鹽分的溶液可用來製造乾燥花，試討論其原因。

6. 糖水溶液的濃度愈高，滲透壓愈大，試說明原因。

7. 一大氣壓(1 atm)相當於 76 cm 水銀柱高，亦即 1033 cm 水柱高，則：
   (1) 相當於密度 1.2 g/cm^3 的糖水多少公分高？
   (2) 請換算 50 cm 此糖水高度等於多少 atm？

勒沙特列原理

一、實驗目的

1. 認識化學反應的平衡現象。

2. 由濃度、溫度、壓力各因素的改變，印證勒沙特列原理。

二、相關知識

　　大多數的化學反應，都不是單純的往一個方向進行，直到一方消耗完為止，而是正反兩向同時進行，稱為**可逆反應**。當到達某狀態時，反向反應的反應速率即與正向反應速率相同，此時由外觀來看，反應似已靜止，這種狀態即稱為達到此反應的**平衡狀態**(equilibrium state)。

　　對一達到平衡的反應系統，若改變平衡系中的濃度、溫度或壓力等任一項因素，平衡狀態就被破壞，兩方向的反應將有一方會變強，而使平衡狀態移動、改變，再達到新條件之下的平衡狀態。利用這種反應特性，人類可以用人為方法，控制反應方向朝向有利的一方進行，以增加產量，減少副產品的生成。

　　法國化學家勒沙特列(Le Chatelier)提出一個通則：在一達平衡的反應系中，若加入可影響平衡的因素（濃度、溫度、壓力），則平衡向抵消此因素的方向移動，到重新達成新的平衡為止。此即為有名的**勒沙特列原理**(Le Chatelier's Priciple)，由此我們可預測出平衡的移動情形。

三、藥 品

1. 濃度影響平衡$(Fe^{3+} + SCN^- \rightleftharpoons FeSCN^{2+})$

   0.002 M 硫氰酸鉀(KSCN, potassium thiocyanate)................. 6 mL×4

   0.2 M 硝酸鐵$(Fe(NO_3)_3$, iron(III) nitrate) .... 1 mL

   Na_2HPO_4 或 K_2HPO_4 晶體 ....

2. 溫度影響平衡

   蒸餾水 .... 400 mL

   濃氨水$(NH_3$, ammonia) .... 1 滴

   酚酞指示劑(phenolphthalein)... 數滴

3. 壓力影響平衡

   飽和碳酸氫鈉$(NaHCO_3$, sodium bicarbonate)：約 16 g $NaHCO_3$ 溶於 100 mL 水中

   酚酞指示劑(phenolphthalein)... 數滴

   0.1M 鹽酸(HCl, hydrochloric acid)..................................... 數滴

四、器 材

1. 濃度影響平衡$(Fe^{3+} + SCN^- \rightleftharpoons FeSCN^{2+})$

   試管　 .... 4 支

   試管架 .... 1 個

2. 溫度影響平衡

   燒杯(500 mL)... 1 個（全班共用）

   試管.. 1 支

   加熱器（酒精燈或本生燈或平板加熱器） .... 1 個

   燒杯(250 mL).. 2 個（水浴及冰浴）

   冰塊... 少許

3. 壓力影響平衡

   側枝錐形瓶(250 mL) .... 1 個

   抽氣裝置 .... 1 組

五、實驗步驟

1. 濃度影響平衡

$$Fe^{3+}_{(aq)} + SCN^-_{(aq)} \rightleftharpoons FeSCN^{2+}_{(aq)}$$

　　無色　　　　　　紅色

(1) 取 4 支試管置於試管架上，每支試管以移液滴管精確量 0.02M KSCN 溶液 6 mL，並加入 0.2M Fe(NO₃)₃ 2 滴。

(2) 將試管架移至光線明亮處，觀察 4 管溶液的顏色是否一樣深。

(3) 以第一支試管當標準色比較，
　　第二支試管內，加入一小顆 KSCN 晶體；
　　第三支試管內，加入 2 滴 Fe(NO₃)₃；
　　第四支試管內，加入一小顆 Na₂HPO₄ 晶體；
　　比較後三支試管內溶液的顏色變化，並討論之。

2. 溫度影響平衡

$$NH^+_{4(aq)} + OH^-_{(aq)} + 熱量 \rightleftharpoons NH_{3(aq)} + H_2O_{(l)}$$

(1) 取 400 mL 蒸餾水，滴入 1 滴濃氨水及 5 滴酚酞指示劑，溶液應呈淡粉紅色。（此稀氨水溶液可供全班使用）

(2) 取 1 支試管，裝入 10 mL 上述溶液。

(3) 將此試管放在加熱器上加熱，觀察並記錄顏色變化。

(4) 將此試管泡至室溫的一大杯自來水中，觀察並記錄顏色變化。

(5) 將此試管泡於冰浴中冷卻，溶液顏色變化如何？試討論以上現象。

3. 壓力影響平衡

$$HCO^-_{3(aq)} \rightleftharpoons OH^-_{(aq)} + CO_{2(g)}$$

(1) 取 250 mL 的側枝錐形瓶，加入 100 mL 的飽和 NaHCO₃ 溶液，滴入 3~4 滴酚酞指示劑，若溶液呈粉紅色，則逐滴加入 0.1M 稀鹽酸至溶液呈無色。

(2) 以塞子塞住錐形瓶口，並將側枝部分以硬質橡皮管接至抽氣裝置，打開水流或抽氣開關。

(3) 觀察氣體生成及溶液顏色產生的變化，討論之。

生活小常識

CN⁻離子的毒性很強，SCN⁻離子卻無毒性，兩者不可混淆。

實驗 11

勒沙特列原理

姓名 _____   系級班別 _____
學號 _____   實驗日期 _____

實驗結果

I. $Fe^{3+} + SCN^- \rightleftharpoons FeSCN^{2+}$

	試管 1	試管 2	試管 3	試管 4
原色				
加入物質	—	KSCN	$Fe(NO_3)_3$	Na_2HPO_4
顏色變化				

解釋：

2. $NH_4^+ + OH^- + 熱量 \rightleftharpoons NH_3 + H_2O$

	溶液原色	加熱後	室溫水浴	冰浴後
顏色				

解釋：

3. $HCO_3^- \rightleftharpoons OH^- + CO_2$

	抽氣前	抽氣後
氣體狀態		
溶液顏色		

解釋：

思考方向

1. 為什麼步驟 1 的平衡反應裡，K^+ 和 NO_3^- 並不影響平衡？

2. 當 KSCN 晶體加入後，溶液顏色加深，是因為形成 $FeSCN^{2+}$ 之故，但此時 Fe^{3+} 並未多加入，怎會有此反應？

3. (1) 步驟 2 之反應為吸熱或放熱？

　　(2) 此反應中，若開始時氨水加很多，則發現溶液顏色變化看不出來，你想是什麼原因？

　　(3) 平衡時，加入固體 NH_4Cl，反應會如何，顏色如何變化？

　　(4) 若加入鹽酸，反應會往哪一方向進行？溶液顏色如何變化？

4. 解釋步驟 3 中，抽氣後的顏色變化。

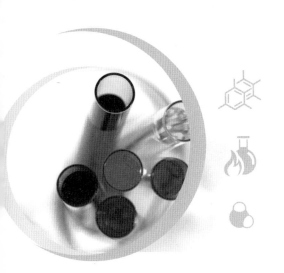

緩衝溶液

一、實驗目的

1. 學習緩衝溶液的原理及配製。

2. 親身體驗緩衝溶液對酸、鹼的包容性。

3. 認識緩衝溶液的應用及重要性。

二、相關知識

　　在藥學及生物學的領域裡，pH 值的維持不變，即溶液的酸鹼度要維持在一固定狀況下，是相當重要的。例如培養基裡的 pH 值要維持一定，細菌才能生長，否則不但會抑制細菌生長，甚至可殺死它們。人體也是一樣，血液及體液中的 pH 值略有改變，代謝作用中的許多催化劑－酶，即無法發揮作用；一般血液的 pH 值皆維持在 7.35~7.45 間，以中和代謝產物如乳酸和氨等。此外，藥物的解離比例，也是由其環境（胃中、腸道內）的 pH 值所控制，解離型的藥物是離子，具親水性；非解離型的藥物則為疏水性，較易通過由脂肪分子所組成的細胞膜，因此 pH 值與藥物的吸收，關係至鉅。

　　普通中性的水，只要加入少量酸或鹼，pH 值的變化極大。但若加入一些適當的鹽類調成混合液，則可使 pH 值保持在固定範圍內，不會因加入少量的酸或鹼而產生很大的變化，這種溶液稱為**緩衝溶液**(buffer solution)。鹽類在大自然的岩石、土壤中含量極多，如 $NaCl$、$CaCO_3$、Na_2CO_3、$NaHCO_3$ 等都是我們日常生活中常見且不可或缺的。在藥物、細菌培養基、清潔劑和游泳池就常加入鹽，以達到控制 pH 值的目的。

　　緩衝溶液系統主要是由一弱酸與其共軛鹼（如 CH_3COOH 和 CH_3COO^-）或弱鹼及其共軛酸（如 NH_4OH 與 NH_4^+）所組成。利用弱酸和弱鹼的雙向反應原理，例如(1)式。當外界加入強酸時，H^+濃度迅速增加，則溶液中的鹽離子會與 H^+結合而回復成弱酸分子狀態，如(2)式，因而降低了 H^+的濃度。反之，當加入強鹼時，OH^+濃度增加，則溶液中的弱鹼會繼續解離以中和之，逐漸回復中性狀態，如(3)式。

$$HA \rightleftharpoons H^+ + A^- \qquad \text{(1)式}$$

$$A^- + H^+ \rightarrow HA \qquad \text{(2)式}$$

$$HA + OH^- \rightarrow H_2O + A^- \qquad \text{(3)式}$$

　　人體內即可找到三個主要的緩衝系統：H_2CO_3/HCO_3^-，$H_2PO_4^-/HPO_4^{2-}$和血蛋白緩衝液。

$$HPO_4^{2-}{}_{(aq)} + H^+{}_{(aq)} \rightarrow H_2PO_4^-{}_{(aq)}$$

$$H_2PO_4^-{}_{(aq)} + OH^-{}_{(aq)} \rightarrow HPO_4^{2-}{}_{(aq)} + H_2O_{(\ell)}$$

　　H_2CO_3（碳酸）為二質子酸，可有兩個不同程度的解離如下：

$$H_2CO_3 \rightleftharpoons H^+ + HCO_3^- \qquad pka_1 = 6.36$$

$$HCO_3^- \rightleftharpoons H^+ + CO_3^{2-} \qquad pka_2 = 10.3$$

　　H_3PO_4（磷酸）為三質子酸，可有三個不同程度的解離。其 $pka_1 = 2.14$，$pka_2 = 7.2$，$pka_3 = 12.4$。因此緩衝溶液的 pH 值與所選的鹽類有直接的關係。而人類的血液 pH = 7.4 左右，因此緩衝系統應為磷酸的 $pka_2 = 7.2$ ($HPO_4^{-2}/H_2PO_4^-$)與碳酸的 $pka_1 = 6.36$ (H_2CO_3/HCO_3^-)。

※ 注意：在本實驗中，我們做的是碳酸的 pka_2 部分(HCO_3^-/CO_3^{-2})，此緩衝液 pH 值應在鹼性的範圍內。

三、藥 品

0.1M 碳酸氫鈉($NaHCO_3$, sodium bicarbonate) .... 15 mL×2

0.1M 碳酸鈉(Na_2CO_3, sodium carbonate) .... 15 mL×2

0.1M 磷酸二氫鉀(KH_2PO_4, potassium dihydrogen phosphate). 15 mL×2

0.1M 磷酸氫鉀(K_2HPO_4, potassium hydrogen phosphate) ..... 15 mL×2

0.1M 氫氧化鈉(NaOH, sodium hydroxide)水溶液

0.1M 鹽酸(HCl, hydrochloric acid)水溶液

酚酞指示劑(Phenolphthalein)：酚酞 1 g 溶於 50 mL 95%酒精及 50 mL 蒸餾水中。

甲基橙指示劑(methyl orange)：甲基橙 1 g 溶於 100 mL 水中。

四、器 材

試管 .... 4 支

pH 試紙或 pH meter

五、實驗步驟

1. 磷酸鹽緩衝系統($H_2PO_4^-$/HPO_4^{2-})

(1) 取 0.1M KH_2PO_4 5 mL 和 0.1M K_2HPO_4 5 mL 混合在一大試管中，配成 10 mL $H_2PO_4^-$/HPO_4^{2-} 緩衝系統。

(2) 另 3 支試管中，分別裝入：

 (a) 0.1M K_2HPO_4 10 mL

 (b) 0.1M KH_2PO_4 10 mL

 (c) 蒸餾水 10 mL

 以 pH meter 測各液 pH 值，記錄下來。

(3) 以上 4 支試管中各滴入 3 滴酚酞指示劑，記下顏色。

(4) 滴入 1 滴 0.1M NaOH 至 4 支試管中，觀察其顏色變化。

(5) 繼續在各試管中滴入 0.1 M NaOH 水溶液直到呈粉紅色；記下顏色變為紅色時所需的 NaOH 滴數，比較之並討論原因。

(6) 另取 4 支試管，重新裝入磷酸鹽緩衝液與蒸餾水，以及單獨溶液各 10 mL。

(7) 測其 pH 後，滴入甲基橙指示劑 3 滴，記下顏色。

(8) 滴入 1 滴 0.1M HCl 至 4 支試管中，觀察顏色變化，並測其 pH 值。

(9) 記下顏色變為紅色時所需的滴數。比較之並討論原因。

2. 碳酸鹽緩衝系統(HCO_3^-/CO_3^{2-})

(1) 取 0.1M $NaHCO_3$ 5 mL 和 0.1M Na_2CO_3 5 mL 配成緩衝溶液。

(2) 另取 3 支試管，分別裝入 10 mL 蒸餾水，0.1M $NaHCO_3$ 10 mL，和 0.1M Na_2CO_3 10 mL。測各液 pH 值並記錄下來。

(3) 重複上述 1.磷酸鹽中(3)至(9)的步驟。將數據填入實驗結果之表格中，討論之。

實驗 12

緩衝溶液

姓名 _____ 系級班別 _____

學號 _____ 實驗日期 _____

實驗結果

1. 磷酸酸緩衝系統

變化 ＼ 試樣	$H_2PO_4^-/HPO_4^{2-}$ 緩衝液	0.1M K_2HPO_4	0.1M $KHPO_4$	蒸餾水
pH 值				
加入酚酞後之顏色				
滴入 1 滴 NaOH 後的顏色				
酚酞變紅所需 NaOH 滴數				
加入甲基橙後之顏色				
滴入 1 滴 HCl 後的顏色				
甲基橙變紅所需 HCl 的滴數				

2. 碳酸鹽緩衝系統

變化 ＼ 試樣	HCO_3^-/CO_3^{2-} 緩衝液	0.1M $NaHCO_3$	0.1M Na_2CO_3	蒸餾水
pH 值				
加入酚酞後之顏色				
滴入 1 滴 NaOH 後的顏色				
酚酞變紅所需 NaOH 滴數				
加入甲基橙後之顏色				
滴入 1 滴 HCl 後的顏色				
甲基橙變紅所需 HCl 的滴數				

思考方向

1. pH＝6之溶液，其[H$^+$]和[OH$^-$]各是多少 M？

2. 請對強酸、弱酸、強鹼、弱鹼各舉出兩個例子，並寫出其分子式。

3. 請對水解後形成酸性溶液、鹼性溶液及中性溶液的鹽各舉出一例，並寫出其分子式。

4. 請寫出實驗中的 HCO$_3^-$ / CO$_3^{2-}$緩衝系統，當加入酸鹼時的反應式。

5. 何謂緩衝溶液？弱酸 CH$_3$COOH 應用什麼鹽類與其形成緩衝溶液？弱鹼 NH$_3$ 應用什麼鹽類與其形成緩衝溶液？

酸、鹼、鹽與指示劑

一、實驗目的

1. 認識酸鹼性與 pH 值的關係。

2. 學習使用吸量管配製不同濃度的酸鹼標準溶液。

3. 觀察各種指示劑在不同酸鹼度時的顏色變化。

4. 嘗試由植物萃取液自製酸鹼指示劑。

5. 應用指示劑的顏色變化,得知一般家庭中常用物品的酸鹼性。

二、實驗原理

　　酸鹼是物質的一種性質。當一物質在水中解離時,會導致水溶液中的氫離子和氫氧離子發生濃度相對的增減,即出現酸鹼性質。中性的純水中僅有極少部分的水分子解離成氫離子(H^+)和氫氧離子(OH^-),而且其濃度相等:$[H^+] = [OH^-] = 10^{-7}M$。一般是以氫離子濃度表示水溶液的酸鹼度,故為方便,乃定義酼(ㄅㄧㄥˋ)標值:$pH = -\log[H^+]$。中性溶液的$[H^+] = 10^{-7}M$,亦即 pH = 7;故酸性溶液 pH < 7;鹼性溶液 pH > 7,其相互關係見表 13-1。在此,$[H^+]$為氫離子的濃度,其單位為莫耳/升(亦即體積莫耳濃度,molority, M)。

◆ 表 13-1　pH 值與[H^+]及[OH^-]濃度的關係

pH	0	1	2	3	4	5	6	7	8	9	10	11	12	13	14
[H^+]	10^0	10^{-1}	10^{-2}	10^{-3}	10^{-4}	10^{-5}	10^{-6}	10^{-7}	10^{-8}	10^{-9}	10^{-10}	10^{-11}	0^{-12}	10^{-13}	10^{-14}
[OH^-]	10^{-14}	10^{-13}	10^{-12}	10^{-11}	10^{-10}	10^{-9}	10^{-8}	10^{-7}	10^{-6}	10^{-5}	10^{-4}	10^{-3}	10^{-2}	10^{-1}	10^0

　　酸性物質是指在水溶液中會使氫離子濃度增加的物質，且解離度愈強，所生成的水溶液酸性愈強。早期人們對酸的認知完全來自生活的體驗，如具有類似食醋的感覺：有刺激性之酸味、能和金屬反應而產生鹽類和氫氣、可使蔬菜及水果的色素產生變化－使石蕊試紙由藍色變紅色，還有容易使鐵器生銹等性質。十八世紀時拉瓦錫(Lavoisier)即發現硫、磷、氮、碳的氧化物，溶於水中之後即具備酸的性質，例如硫酸、硝酸、磷酸、碳酸即是。此外，有機物中的醋酸、檸檬酸、乳酸、草酸、胃酸等亦是。

　　鹼性物質則為與酸反應並接受氫離子之物質，亦即會使水中的氫氧離子濃度增加。其特徵為具有澀味、具有滑膩感，使植物色素改變－使石蕊試紙由紅色變藍色。自然界中有許多鹼存在於植物體內，就如中藥成分中的生物鹼(alkaloid)。生活中常見的鹼液有石灰水、$Ca(OH)_2$，以及燃燒草木後的灰燼溶成的水溶液等。若由化學週期表來看，IA 與 IIA 族元素的氧化物溶於水後皆生成鹼性溶液。

　　在化學研究上，當我們要知道一種物質是酸性或鹼性時，通常不直接用皮膚接觸或用舌頭嚐，因為酸鹼性可能太強而灼傷皮膚，而且物質也可能具有其他毒性，因此最安全的方法乃是採用指示劑。所謂指示劑是一些本身為弱酸或弱鹼的有機染料化合物，它們在不同的酸度範圍，會產生特定的顏色變化；故藉由它們的顏色變化，可以很方便的判斷出物質的酸鹼性及 pH 值。早期的指示劑都是植物萃取液，例如石蕊試紙中的石蕊即是由植物製成的染料，它本身屬於中性，但遇酸或鹼則會變色。在此實驗中，我們將嘗試自製指示劑並可與市售指示劑作一比較。

➡ 表 13-2　指示劑之適用酸鹼標值範圍及顏色變化

指示劑	酸鹼標值 (pH)	顏色變化 （由酸性變鹼性）
甲基紫(methyl violet)	0.1~0.5	黃→藍
瑞香草酚藍(thymol blue)（酸性中）	1.2~2.8	紅→黃
三羥基蒽苯(benzopurpurin)	1.3~4.0	藍→紅
甲基黃(methyl yellow)	2.9~4.0	紅→黃
甲基橙(methyl orange)	3.1~4.4	紅→黃
溴酚藍(bromophenol blue)	3.0~4.6	黃→藍
剛果紅(Congo red)	3.0~5.2	藍→紅
溴甲酚綠(bromocresol green)	3.8~5.4	黃→藍
甲基紅(methyl red)	4.2~6.2	紅→黃
氯酚紅(Chlorophenol red)	5.0~6.6	黃→紅
溴甲酚紫(bromocresol purple)	5.2~6.8	黃→紫
石蕊(litmus)	4.5~8.3	紅→藍
溴瑞香草酚藍(bromothymol blue)	6.0~7.6	黃→藍
酚紅(phenol red)	6.8~8.4	黃→紅
甲酚紅(cresol red)	7.2~8.8	黃→紅
甲酚紫(cresol purple)	7.4~9.0	黃→紫
瑞香草酚藍(thymol blue)（鹼性中）	8.0~9.6	黃→藍
酚酞(phenolphthalein)	8.2~1.0	無→紅
瑞香草酚苯二甲內脂(thymol phthalein)	9.3~10.5	無→藍
麝香草酚酞(thymolphthalein)	9.3~10.5	黃→藍
茜素黃 R (alizarin yellow R)	10.2~12	黃→紅
靛胭脂(indigo carmine)	11.6~14	藍→黃

當量數相等的酸與鹼能夠起中和反應而生成鹽與水。經中和反應後，酸與鹼的特性均消失，而變成中性的鹽和水：酸＋鹼→鹽＋水。例如：

氫氯酸＋氫氧化鈉→氯化鈉＋水

$HCl + NaOH \rightarrow NaCl + H_2O$

強酸與弱鹼（或強鹼與弱酸）反應所生成的鹽類，溶於水中時能夠與水分子反應而變為酸性溶液（或鹼性溶液）。此一反應叫做**水解**(hydrolysis)。例如：氯化銨為鹽酸（強酸）與氨水（弱鹼）所成的鹽，溶於水時，銨根離子會與水反應而生成鋞離子(H_3O^+)，因此呈酸性：

$$NH_{3(aq)} + HCl_{(aq)} \rightarrow NH_4Cl_{(s)}$$
$$NH_{4(aq)}^+ + H_2O_{(\ell)} \rightarrow NH_{3(aq)} + H_3O_{(aq)}^+$$

三、藥　品

步驟 1、2－配製標準溶液

0.1M 鹽酸(HCl, hydrochloric acid)...10 mL

0.01M 氫氧化鈉(NaOH, sodium hydroxide)............................10 mL

步驟 3－市售指示劑

(1) 石蕊試紙(litmus paper)

(2) 甲基橙(methyl orange)

(3) 甲基紅(methyl red)

(4) 酚酞(phenolphthalein)

(5) 溴瑞香草藍(thymol blue)

（以上指示劑之選取乃依表 13-2，取酸性及鹼性變色範圍之指示劑各二種，以便比較。一般指示劑的配法為：取 0.1 g 指示劑溶於 50 mL 酒精，再加入 50 mL 的蒸餾水。）

步驟 4－自製指示劑

紫色高麗菜..1 片

（製備指示劑的材料可試用其它有色的植物葉片或花瓣，如茶葉、各種深色花瓣如紅玫瑰花、進口紅色小蘿蔔或藍莓果等。）

步驟 5－未知物的酸鹼性

下列家庭中常見物質可由學生提供以測定酸鹼性（酸性、鹼性及中性物質各選二種為宜）。

(1) 酸性可能物品：食醋，檸檬汁，汽水，養樂多等。

(2) 鹼性可能物品：茶，牛奶，小蘇打，稀釋氨水，胃乳液或制酸劑，肥皂水，液態洗衣精，玻璃清潔劑，各種廚廁清潔劑等。

(3) 中性可能物品：蒸餾水，糖水、米酒、鹽水，玉米粉溶液，雙氧水，擦拭用酒精，指甲去光水（丙酮）等。

步驟 6－鹽類的水解

氯化鈉(NaCl, sodium chloride)

碳酸鈉(Na_2CO_3, sodium carbonate)

硫酸鈉(Na_2SO_4, sodium sulfate)

氯化銨(NH_4Cl, ammonium chloride)

磷酸鈉(Na_3PO_4, sodium phosphate)

碳酸銨($(NH_4)_2CO_3$, ammonium carbonate)

四、器 材

移液滴管（1 mL 及 5 mL）..各 1 支

試管及試管架 ....每組至少 20 支

乳頭滴管及攪拌棒 ....數支（不同溶液用不同支）

量筒（10 mL 與 100 mL）..各 1 個

研缽及杵 ....1 組

五、實驗步驟

1. 配製 0.1M 鹽酸及 0.1M 氫氧化鈉標準溶液(pH = 1, 13)

為求溶液濃度準確，此部分應將全班所需之量一起配製，以每組 10 mL 計算之。

2. 配製標準溶液(pH=2~11)

若時間許可，以下各濃度之溶液可由各組自行配製，以便練習使用吸量管，並熟悉溶液稀釋之計算。衡量時間可選擇只配製 pH = 1, 3, 5, 7, 9, 11, 13 之溶液。

(1) 準備 13 支乾淨試管，並用油性簽字筆加以編號標示其 pH 值為：1, 2, 3, 4, 5, 6, 7, 8, 9, 10, 11, 12, 13。

(2) 用吸量管取 0.1M HCl 10 mL，置入 pH = 1 試管中（$[H^+] = 10^{-1}M$，pH = 1）。

(3) 用吸量管取上項溶液 1.0 mL 注入 2 號試管中，並加入 9.0 mL 蒸餾水，均勻混合，使稀釋成 pH = 2、$[H^+] = 10^{-2}M$ 之標準溶液。

(4) 取 pH = 2 之標準液 1.0 mL 至 3 號試管中，並加蒸餾水稀釋成 10 mL，此為 pH = 3 之標準液。

(5) 繼續重複上述步驟 3 次，可得 pH = 4, 5, 6 之標準液。

(6) pH = 7 的試管內，只裝純蒸餾水。

(7) 用另一吸量管取 0.1M NaOH 10 mL，置入 pH = 13 試管中（$[OH^-] = 10^{-1}M$，pOH = 1，pH = 13）。

(8) 取上項溶液 1.0 mL 至 12 號試管中，並加蒸餾水稀釋成 10 mL，此為 pH = 12 之標準液。

(9) 繼續重複上述步驟 4 次，逐步配製 pH = 11, 10, 9, 8 之標準液。

3. 以市售指示劑測標準液

(1) 取 12 支試管，標示好 pH 值，各置入 2 mL 的 12 項標準液。

(2) 在各試管內滴入 5 滴市售指示劑，比較並記錄各試管所呈現的顏色。（本實驗中共選 4 種指示劑，酸性指示劑 2 種：甲基橙和甲基紅；鹼性指示劑 2 種：酚酞和溴瑞香草藍。變色範圍內之試管應儘量保留，以便於步驟 5、6 中比色之用）

4. 自製指示劑

(1) 紫色高麗菜葉剝下一片切絲或用手剝成小塊，放入約 50 mL 的蒸餾水煮沸約 5 分鐘，至水溶液呈深紫色。倒出煮好的汁液（此汁液若放置冰箱冷藏，可保持一兩天；若加以冷凍，則可保持數月）。若變為粉紅色則棄置不用，此菜葉汁的變色範圍如同廣用指示劑，極明顯。

(2) 玫瑰花汁亦可當成指示劑。製作時可用研缽磨碎，或用塑膠袋裝入一些玫瑰花瓣，再用石頭把花瓣壓碎。倒入一些水，並且加以搓揉，再在塑膠袋的一角剪一小洞擠出紫紅色花汁。若滴入酸性溶液就變成橙色或黃色，鹼性溶液則變成深綠色或藍色。

5. 以自製指示劑測標準液

重做步驟 3，此次改用自製指示劑，觀察並記錄各試管所呈現的顏色，找出自製指示劑最適宜的變色範圍。

※注意：指示劑之量可逐滴增加以找出最適宜之顏色變化量。

6. 未知及家用物品的酸鹼性

(1) 可由教師處領取一種或多種未知濃度的溶液，或由各組自備家用物品之溶液取 1~2 mL，置入洗淨之試管中，加蒸餾水成 5 mL（若是固體物質應先溶於蒸餾水中，取用澄清或輕微霧狀的溶液；液態物質則略稀釋至澄清）。

(2) 先以石蕊試紙試其酸鹼性。

(3) 將此溶液分裝於二試管中。若為酸性，則各滴入 2 滴先前所用之酸性指示劑；若為鹼性，則各滴入 2 滴先前所用之鹼性指示劑。

(4) 由顏色變化情形並與標準溶液作比較，決定出各未知溶液之 pH 值。

7. 鹽類的水解

(1) 在白紙上各取少許的氯化鈉、碳酸鈉、硫酸鈉、氯化銨、磷酸鈉、碳酸銨等鹽類固體，觀察並記錄各物質的外觀及特性。

(2) 在 6 支乾淨試管中分別放入數顆或少許上述各物質。各加入 5 mL 蒸餾水，搖盪試管使固體完全溶解。

(3) 以藍色及紅色石蕊試紙測試各鹽溶液的酸鹼性，然後再取合適的指示劑滴入，以判斷其 pH 值。

8. 廢液處理

各酸鹼液可互相中和，例如同體積的 pH = 2 溶液恰可與 pH = 12 溶液中和，再予以多量水沖走。

 生活小常識

1. 若將濾紙剪成 0.5~1 公分條狀，泡在自製的指示劑溶液中，乾燥後，即成為自製的 pH 試紙，不過顏色變化乃依不同之指示劑而有所不同。

2. 繡球花所含的色素對酸鹼性極敏感，在酸性土壤中會開藍花，在鹼性土壤中開出粉紅色，故改變土壤的酸鹼性會使花變色。由此，你想繡球花瓣是不是自製指示劑的好材料？

3. 食物如何判定酸鹼性？

一般生活中，尤其醫學上，常聽到所謂的「酸性、鹼性食物」，不是用味覺判定，也不是直接以理化的酸鹼質（如本實驗中的 pH 質）來決定。而是以食物中所含物質的種類及含量的比例不同，經由消化機能（一般為各種氧化作用）消化後，所產生的物質之酸鹼性而定。

例如：大部分的動物性食物，像魚、肉、貝類含豐富的蛋白質，而蛋白質組成元素主要為碳、氫、氧、氮、磷與硫，這些非金屬性元素進入人體後，就氧化變成硝酸、磷酸、硫酸，因而呈現酸性，故屬酸性食物。大多數的穀類及堅果類，因含大量澱粉及脂肪，其組成元素為碳、氫、氧等非金屬性元素為主，故經由消化後，其氧化物之水溶液也是呈酸性，因此也屬酸性食物。

至於大多數的蔬菜、水果類、海藻類等低熱量的植物性食物，則因為其中富含礦物質：鉀、鈉、鈣、鎂、鐵等金屬元素，其氧化後之水溶液呈鹼性，因此嚐起來酸酸的醋、檸檬、橘子等，也是鹼性食物。而植物中主要成分的纖維素，雖為多醣類，但不為人體所消化，故不會像澱粉類般形成酸性物質，但卻有助於腸胃之蠕動。

4. 皮膚的酸鹼值：皮膚的表皮所分泌的皮脂和汗液會形成一層皮脂膜，其 pH 值約為 4.5~6.5 之間，因其中含有汗液的乳酸和胺基酸，還有皮脂成分的脂肪酸的緣故，因此健康正常的皮膚表面通常呈現弱酸性的緩衝系統，可以抑制多種細菌的繁殖，而達到皮膚自我淨化及保護的作用。洗臉時，因多數清潔劑為鹼性，會破壞皮膚的酸脂膜，需要一段時間分泌足夠的皮脂和汗液才能平衡回來。

實驗 13

酸、鹼、鹽與指示劑

姓名 _____   系級班別 _____

學號 _____   實驗日期 _____

實驗結果

思考方向

1. 在配製 0.1M HCl 及 0.1M NaOH 標準液時，為何以配製全班所需之量較佳？若由各組自行配製 10 mL 各溶液，則應如何操作？請寫出配製步驟。

2. pH = 7 的試管中為何只裝蒸餾水？此溶液可否由 pH = 6 或 pH = 8 的溶液稀釋 10 倍而得？

3. 各組對不同指示劑變色範圍的觀察及測試結果應作比較加以探討，以便在不同的酸鹼滴定實驗中選擇最適宜的指示劑。

4. 將各項實驗結果列表，依照不同 pH 值列出各指示劑所呈現的顏色，並推論各家用物品 pH 值。或許你可嘗試猜出其中的主要成分是什麼？

5. 測試未知液時，若所得顏色介於兩管標準液之間，應如何估計其濃度？

6. 試解釋步驟 7 中各鹽類之水溶液為何呈現酸、中、鹼性？並預測下列各鹽水溶液的酸鹼性：草酸鈉($Na_2C_2O_4$)、醋酸鈉(CH_3COONa)、硫酸銅($CuSO_4$)？

7. 比較並說明中和反應與水解反應的關係。

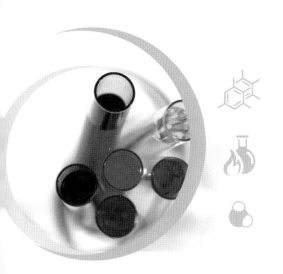

酸鹼滴定

一、實驗目的

1. 學習容量分析方法中酸鹼滴定的操作步驟及技巧。

2. 標準鹼液的配製及標定。

3. 酸鹼液濃度的測定及計算。

4. 應用實例：食醋的酸度及洗衣粉的鹼度。

二、相關知識

　　一般的酸性化合物，溶於水中可解離為 H^+ 及陰離子；而鹼性化合物溶於水中，則解離為 OH^- 及陽離子。當此兩種水溶液混合時，則發生酸與鹼的**中和反應**(neutralization reaction)而生成鹽與水，例如：

$$HCl + NaOH \rightarrow NaCl + H_2O$$

在此反應中，真正參與反應的只是 H^+ 與 OH^-：

$$H^+ + OH^- \rightarrow H_2O$$

　　由上式可見，當 H^+ 的莫耳數與 OH^- 的莫耳數相等時，溶液可完全中和，此狀態稱為**當量點**(equivalent point)。但當量點只能說是一種理論上的狀態，因為達中和時，實際上的溶液酸鹼度會因生成鹽類的再水解程度而呈現弱酸或弱鹼性，因此

必須依此酸鹼性選擇適當變色範圍的指示劑，由其顏色變化，稱為**滴定終點**(endpoint)，來判定是否達到當量點。一般滴定時常用的指示劑如表 14-1。

➡ 表 14-1　滴定時常用的指示劑

酸液	鹼液	達當量點時的溶液性質	選用的指示劑
強	強	中性	酚酞，甲基橙
強	弱	弱酸	甲基橙
弱	強	弱鹼	酚酞
弱	弱	中性	石蕊

　　選擇正確的指示劑相當重要，因其滴定終點才能當成當量點。此外，指示劑本身通常是弱酸或弱鹼，因此只需滴 2~3 滴，若滴太多反而影響溶液濃度。

　　在實驗室中，常用容量分析的滴定法，將已知濃度的鹼液（或酸液）裝入滴定管中，再滴入未知濃度的酸（或鹼）溶液內，利用酸鹼中和時，酸的當量數等於鹼的當量數的原理，將未知液的濃度計算出來，稱為**酸鹼滴定**(acid-base titration)。達中和時，H^+離子莫耳數＝OH^-離子莫耳數，即

$$N_a V_a = N_b V_b \qquad \text{(a: acid, b: base)}$$

其中 N_a、N_b 代表酸與鹼的當量；V_a、V_b 代表酸與鹼的體積。

　　一當量的酸能夠提供一莫耳的氫離子；一當量的鹼可以提供一莫耳的氫氧離子。

$$酸的當量(N_a) = \frac{酸的分子量}{酸分子內可解離之H^+離子數}$$

$$鹼的當量(N_b) = \frac{鹼的分子量}{鹼分子內可解離之OH^-離子數}$$

表 14-2　常見的酸鹼化合物及其當量

酸	分子量	H$^+$離子數	當量	鹼	分子量	OH$^-$離子數	當量
鹽酸 (HCl)	36.5	1	36.5	氫氧化鈉 (NaOH)	40	1	40
硝酸 (HNO$_3$)	63	1	63	氫氧化鉀 (KOH)	56	1	56
硫酸 (H$_2$SO$_4$)	98	2	49	氨水 (NH$_4$OH)	35	1	35
磷酸 (H$_3$PO$_4$)	98	3	32.7	氫氧化鈣 [Ca(OH)$_2$]	74	2	37
醋酸 (CH$_3$COOH)	60	1	60				

　　通常在滴定前，應先將已知濃度的酸或鹼液標定一次，才能用來當標準液，以確保滴定的準確性。尤其是鹼液如氫氧化鈉溶液，因配製好後，空氣中的 CO$_2$ 會逐漸溶於水溶液中，形成碳酸而降低鹼液的濃度，故除應加蓋保存外，更應予以標定。

　　用來標定標準液的試劑稱為**基準試劑**(primary standards)，一般需具備下列各條件之化合物較適用：(1)純度高；(2)穩定性高；(3)不含水且不易吸水；(4)價格便宜；(5)當量值較大（可以使誤差降低）。在本實驗中，即選用鄰苯二甲酸氫鉀（KHP, potassium biphthalate 或 potassium hydrogen phthalate）當標準試劑。因其為弱酸，故與 NaOH 中和達當量點時，溶液呈弱鹼性，可選酚酞為指示劑，因其變色範圍在 pH = 8.3~10.0 之間。

　　KHP 為單質子酸，分子量為 204，其分子結構如下：

　　鹼液容易腐蝕玻璃，因此貯存鹼液不可用玻璃瓶，應用塑膠瓶。且滴定時所使用的滴定管，因栓塞處所用的材質不同：玻璃塞不可裝鹼液，因會腐蝕而黏著，只

能作為酸液的滴定管；而用橡皮管內加鋼珠者則為鹼液滴定管。近年來多已用聚四氟乙烯（polytetrafluoroethylene (PTFE)，又稱為鐵氟龍）的材料做成栓塞，不易腐蝕或硬化，且可用於酸、鹼液兩者，相當便利。

三、藥　品

鄰苯二甲酸氫鉀(KHP, potassium biphthalate) .... 0.5 g

※ 注意：應先於課前予以烘乾，烘箱約 110°C 烘 2 小時，以除去水分，再移至乾燥器內冷卻，冷卻後應加蓋備用。

0.1N NaOH 溶液 .... 300 mL

酚酞(phenolphthalein)指示劑：0.1 g 溶於 90 mL 95%酒精與 10 mL 蒸餾水中
（酸性為無色，鹼性為桃紅色，常用於強鹼滴定弱酸）

甲基橙(methyl orange)指示劑：0.1 g 溶於 100 mL 水中
（酸性為紅色，鹼性為橙色，通常用於強酸滴定弱鹼）

HCl 溶液（未知液，可配為約 0.1N） .... 10 mL

食用白醋 .... 5 mL

洗衣粉或廚房洗潔用等去污粉 .... 0.5 g

四、器　材

錐形瓶(250 mL) .... 1 個

白紙 .... 1 張

滴定管（酸、鹼） .... 各 1 支

滴定管架 .... 1 組

五、實驗步驟

1. 準備滴定管

(1) 洗淨滴定管，以自來水沖洗後，應再用蒸餾水沖洗一次。（洗淨的滴定管，內壁必均勻潮濕，請參閱實驗 1）。

(2) 以 5 mL 0.1N NaOH 潤濕滴定管壁，連續兩次，以除去多餘的水分。

(3) 裝置如圖 14-1。

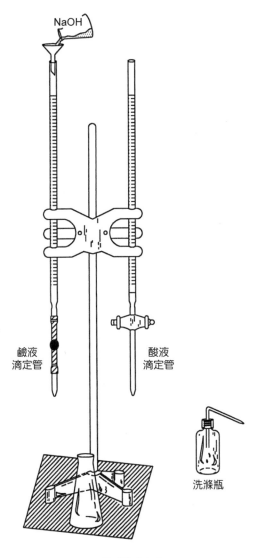

⊃ 圖 14-1

(4) 從滴定管上端以漏斗裝入 0.1N NaOH 溶液至滿，但保持液面在刻度範圍內。

(5) 以手指輕敲滴定管壁，以免氣泡停留於滴定管內壁，栓塞處以上皆不可有氣泡。並用乳頭滴管由上端調整滴定管內液面恰在可讀的刻度上。

(6) 為求實驗精準，滴定前後若有液滴懸在滴定管尖端時，均應以燒杯內壁觸碰，再用洗滌瓶以蒸餾水將其洗至溶液中（圖 14-2）。

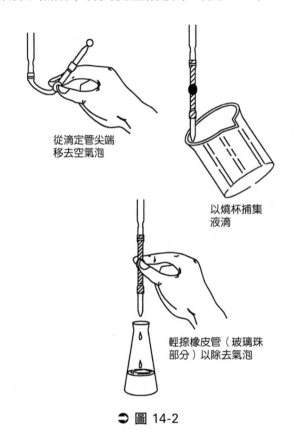

從滴定管尖端
移去空氣泡

以燒杯捕集
液滴

輕捺橡皮管（玻璃珠
部分）以除去氣泡

⊃ 圖 14-2

2. 用 KHP 標定 NaOH 標準液

(1) 精稱 0.5 g KHP 放入 250 mL 錐形瓶中，錐形瓶底下墊一張白紙，以利觀察。加 25 mL 蒸餾水，溶解固體，滴入 3 滴酚酞（或甲基橙）當指示劑。

(2) 由滴定管中滴出 NaOH 溶液，一邊搖動錐形瓶，使迅速混合，見圖 14-3。開始時滴定管的流出量可較大，當粉紅色開始出現並隨即消失時，即應減慢，快到滴定終點時，更要控制為一滴一滴的加。當某滴加入後全部溶液即轉為

粉紅色，且顏色持續 30 秒不消失，此即達到滴定終點。（若繼續久置於空氣中，溶液仍會逐漸褪色，因空氣中的 CO_2 會溶入溶液中。）

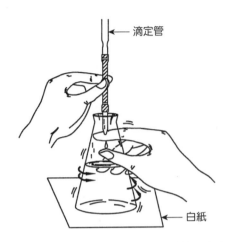

滴定管

白紙

➡ 圖 14-3　滴定技巧（不時搖盪之）

(3) 記下所用去的 NaOH 體積(V_b)，並計算 NaOH 的精確濃度(N_b)：

酸之克當量數＝鹼之克當量數

$$\frac{0.5\text{g}}{204\,^{\text{g}}/_{\text{當量}}} = N_b \times V_b$$

(4) 重複以上滴定步驟，再計算出 N_b，若兩次相差太多，應再做第三次，取較相近的兩次，求其平均值，即為標準液的濃度。

3. 用 NaOH 標準液標定 HCl 溶液

(1) 取 10 mL HCl 未知溶液放入 250 mL 錐形瓶中，加入 3 滴酚酞（或甲基橙），錐形瓶下墊好白紙。

(2) 用 NaOH 溶液滴至溶液呈粉紅色且持續 30 秒，記下所用體積。

(3) 計算：$N_a \times V_a = N_b \times V_b$

$\qquad N_a \times 10 =$ 鹼的濃度 × 鹼滴定所用的體積

(4) 滴定兩次，取平均值。

4. 用 NaOH 標準液滴定食醋

(1) 精確量取食醋 5 mL，加蒸餾水 25 mL，置於 250 mL 錐形瓶中，加 3 滴酚酞。

(2) 用 NaOH 溶液滴定之，至達到滴定終點，記下體積(V_b)。

(3) 計算食醋中含醋酸（CH_3COOH，分子量＝60）的濃度：

$$N_a \times V_a = N_b \times V_b$$

$$N_a \times 5\ mL = 鹼的濃度 \times 鹼的體積$$

$$重量百分率濃度(w\%) = \frac{N_a \times 60}{1000 \times 食醋密度} \times 100\%$$

（設食醋密度為 1 g/cm³）

$$= \frac{N_a \times 60}{1000} \times 100\%$$

(4) 重做一次，取平均值。

5. 以 HCl 已知液測定洗衣粉的鹼度

(1) 精稱 0.5 g 的洗衣粉或去污粉，加入 50 mL 蒸餾水溶解後，加入 3 滴酚酞當指示劑（也可用甲基橙當指示劑）。

(2) 用已知濃度(N_a)的 HCl 溶液滴定之，記下所用體積(V_a)。

(3) 計算洗衣粉中含 Na_2O（分子量＝62）的重量百分率：

酸的克當量數＝鹼的克當量數＝鹼的莫耳數×2

$$HCl 濃度 \times HCl 所用體積 = N_a \times V_a = \frac{0.5 \times W\%}{62} \times 2$$

$$故 W\% = \frac{N_a \times V_a \times 62}{0.5 \times 2}$$

(4) 重做此滴定步驟，求出平均值。

實驗 14

酸鹼滴定

姓名 _____   系級班別 _____

學號 _____   實驗日期 _____

實驗結果

思考方向

1. 在步驟 2、4、5 中,都先加入蒸餾水以溶解或稀釋滴定樣品,你是否發現此蒸餾水體積與計算無關?為什麼?

2. 在洗衣粉鹼度的滴定中,鹼的克當量數=鹼的莫耳數×2,是何原因?請試寫出 Na_2O 在水中的分解化學式。

3. 試進一步區別中和點、滴定終點與當量點的不同。

4. 用強酸（例如硫酸）溶液滴定未知濃度氨水溶液時，是否可用酚酞當指示劑？結果會有差異嗎？

5. 在滴定過程中，若滴入大量指示劑溶液，是否會影響實驗結果？

酸鹼滴定（反滴定）－
制酸劑的鹼含量

一、實驗目的

1. 進一步瞭解酸鹼滴定的技巧－反滴定法。

2. 熟習酸鹼中和的計算方式。

3. 增加對家用藥品－制酸劑的瞭解。

二、相關知識

　　市面上所售的制酸劑種類很多，有錠劑（胃乳片），也有乳狀（胃乳），但其成分主要是制酸劑另加鎮靜劑及黏膜保護劑等成分配合而成。其中的制酸劑乃在發揮酸鹼中和之作用而降低胃酸的酸度，以免過多的胃酸導致不能消化與傷害胃壁；常用的成分有碳酸氫鈉（速效性制酸）、碳酸鈣（持續性制酸）、鋁酸鎂、矽酸鎂（制酸且可保護胃黏膜）、磷酸鋁，或氫氧化鋁、氫氧化鎂等弱鹼或鹼式鹽類。

　　因其內容物除弱鹼外，另含不易溶於水的碳酸鈣及鎂鹽，及其他不易溶於水的材料，故解離較慢，若直接用鹽酸滴定需要較長時間，且滴定終點可能即現即失，所以較難判定終點。但若先加入過量之鹽酸與其中和，則可促使不易溶解的碳酸鹽類溶解，然後再用氫氧化鈉滴定未作用掉的剩餘鹽酸，則可方便且正確的判定終點，並計算出原來制酸劑中鹼的含量，這樣的技巧稱為「反滴定法」（back titration）。

　　胃酸的強度約與 0.1N 鹽酸相同，因此當藥瓶標籤上指示一片制酸劑可中和 47 倍重量之胃酸，即此 1 g 之劑量可中和 47 克 0.1N 之鹽酸。

三、藥 品

0.1N 鹽酸(HCl, hydrochloric acid)... 100 mL

0.1N 氫氧化鈉(NaOH, sodium hydroxide) .... 100 mL

制酸劑片 .... 2 片

酚酞(phenolphthalein)指示劑：0.1 g 溶於 50 mL 95%酒精與 50 mL 蒸餾水中
（酸性為無色，鹼性為桃紅色，常用於強鹼滴定弱酸）

甲基橙(methyl orange)指示劑：0.1 g 溶於 100 mL 水中
（酸性為紅色，鹼性為橙色，通常用於強酸滴定弱鹼）

四、器 材

滴定管（鹼液）與滴定管架 .... 1 組

燒杯或錐形瓶(250 mL) .... 1 個

研缽及杵 .... 1 組

安全吸球 .... 1 個

移液滴管或定量瓶(100 mL)... 1 個

五、實驗步驟

1. **準備滴定管**：見上一實驗（酸鹼滴定之步驟 1）。

2. **準備標準酸鹼溶液**：儘可能先標定 0.1N HCl 與 0.1N NaOH 標準液（參閱「實驗 14－酸鹼滴定」之步驟 2 和 3）。

3. **滴定制酸劑－反滴定**

   (1) 取一乾淨的空錐形瓶(250 mL)，稱其重量(W_0)，準確到小數以下第二位。

   (2) 取制酸劑，記下廠牌及名稱。

   (3) 將制酸劑片磨成粉末後置於上述錐形瓶中，再稱重(W_1)，W_1-W_0 即為制酸劑樣品的準確重量。

(4) 以刻度吸管準確量取 100 mL 的 0.1N HCl 溶液加入制酸劑中，使其溶解，並滴入 2~3 滴酚酞指示劑（在此步驟中 HCl 的量可減少，以節省滴定時所用 NaOH 的體積，但在加入指示劑後應確定混合溶液呈現酸性才可以）。記下所用 HCl 溶液的體積(V_a)。

(5) 以 0.1N NaOH 滴定上述酸性溶液，達滴定終點時記下所用的體積(V_b)。

※ 注意：一般的藥粒中常含有填充劑，填充劑較不易溶於水，因此混合液會混濁，觀察滴定終點時要注意觀察顏色變化。

(6) 計算制酸劑中鹼的當量數：

HCl 酸當量數＝制酸劑中鹼當量數+NaOH 的鹼當量數

$$0.1 \times V_a = x + 0.1 \times V_b$$

(7) 重做一次，取得平均值。

4. 滴定制酸劑－直接滴定

(1) 制酸劑磨成粉末後，精稱其重量(W)。

(2) 移入 250 mL 錐形瓶中，並加入 100 mL 蒸餾水將其溶解。

(3) 滴入 2~3 滴甲基橙指示劑。

(4) 滴定管中裝入 0.1N HCl 溶液，記下體積的刻度。

(5) 開始滴定制酸劑溶液，注意加入酸液的速度不要太快，且要隨時攪拌。因氫氧化鋁成分不易溶於水，氫氧化鎂則微溶，故指示劑的顏色可能因其溶解量不足而局部變色，造成滴定終點即現即失的狀況。因此要不斷攪拌，使溶液各部分濃度均勻。當全部溶液呈現淡粉紅色且維持 30 秒以上時，即為達到滴定終點。記下所用去的鹽酸體積(V_a)。

(6) 計算：

制酸劑中鹼的當量數＝HCl 酸的當量酸

$$x = 0.1 \times V_a$$

(7) 可做兩次，取其平均值較準確。

實驗 15

酸鹼滴定（反滴定）－
制酸劑的鹼含量

姓名 _____ 系級班別 _____

學號 _____ 實驗日期 _____

實驗結果

思考方向

1. 由計算結果得知制酸劑中的鹼當量數後，若主要的制酸成分為 $Al(OH)_3$，則此藥劑中每片含 $Al(OH)_3$ 的重量百分比為？

2. 若主要的制酸成分為 $Mg(OH)_2$，則承上題，每片含鹼的重量百分比為？

3. 比較反滴定與直接滴定的成果，有差異否？誤差原因為何？你想哪一種方法較準確？

4. 請敘述反滴定法的優點？

氧化還原反應

一、實驗目的

1. 瞭解氧化還原的原理及電子的移動方向。

2. 還原能力與還原電位的關係。

二、相關知識

　　所有的原子,其組成都是電子圍繞著原子核而運轉;而所有的化學反應,僅是原子間的電子互相吸引、共用或轉移而已。除非是核反應,否則與原子核並無關係。

　　若將化學反應依照電子是否轉移而區分,可分為:

1. 參與反應的原子與離子間無明顯的電子轉移,只是電子的互相吸引傾向不同,造成原子結合關係改變。例如:

    (1) 酸鹼反應:$HCl_{(aq)} + NaOH_{(aq)} \rightarrow NaCl_{(aq)} + H_2O_{(aq)}$

    (2) 沉澱反應:$Ba^{2+}_{(aq)} + SO_4^{2-}_{(aq)} \rightarrow BaSO_{4(s)}$

2. 參與反應的原子與離子間牽涉到電子的轉移。例如:

    (1) $Fe_{(s)} + Cu^{2+}_{(aq)} \rightarrow Fe^{2+}_{(aq)} + Cu_{(s)}$

    (2) $5Fe^{2+} + MnO_4^- + 8H^+ \rightarrow Mn^{2+} + 5Fe^{3+} + 4H_2O$

　　在這兩個反應中,反應前後 $Fe \rightarrow Fe^{2+}$、$Fe^{2+} \rightarrow Fe^{3+}$,鐵原子與離子的正電荷數目(稱為**氧化數**,oxidation number)增加,明顯有電子的失去;反之,錳和銅兩

元素則獲得電子。這種牽涉到電子轉移的化學反應，就稱為**氧化還原反應**(oxidation-reduction reaction)。

氧化反應(oxidation)的古典定義為與氧化合，但現在已廣義的指失去電子；而還原反應(reduction)則與氧化反應相反，古典定義為除去氧，現代則廣義定義為獲得電子。氧化反應與還原反應必定成對發生，一方失去電子，必有另一方獲得電子，電子不會單獨游離。失去電子的一方，例如鐵，稱為**還原劑**(reduction reagent)，所進行的反應是氧化反應，氧化數增加，反應發生處稱為陽極。而獲得電子的一方，稱為**氧化劑**(oxidation reagent)，例如前例中的錳和銅，進行的是還原反應，氧化數減少，又稱陰極反應。

由週期表及各原子的電子組態來看，鹼金屬（IA 族）最易失去電子，進行氧化反應，故為最強的還原劑；而鹵素（VIIA 族）最易接受電子，進行還原反應，是最強的氧化劑。依此推論，週期表由左向右的各元素，有氧化力漸減、還原能力遞增的趨勢。在週期表中間的過渡元素，氧化力、還原力都是最弱的。這種自然傾向會產生電位差，可用伏特計量出來，若在標準狀態下將氫當成參考電極，電位定為 $E^0 = 0.00V$，則其他物質與氫電極連接成電路後，其相對電位就可定出來。表 16-1 為一般常用的標準還原電位，$M^+ + e^- \rightarrow M$，亦即獲得電子的能力，E^0 的正值愈大者，其還原能力愈強。

表 16-1 標準電極還原電位（25°C，1 atm，活性 1）

電極反應式	E^0 (V)	電極反應式	E^0 (V)
$Sm^{2+} + 2e^- \rightarrow Sm$	-3.12	$Pb^{2+} + 2e^- \rightarrow Pb$	-0.13
$Li^+ + e^- \rightarrow Li$	-3.05	$O_2 + H_2O + 2e^- \rightarrow HO_2^- + OH^-$	-0.08
$K^+ + e^- \rightarrow K$	-2.93	$Fe^{3+} + 3e^- \rightarrow Fe$	-0.04
$Rb^+ + e^- \rightarrow Rb$	-2.93	$Ti^{4+} + e^- \rightarrow Ti^{3+}$	0.00
$Cs^+ + e^- \rightarrow Cs$	-2.92	$2H^+ + 2e^- \rightarrow H_2$	0
$Ra^{2+} + 2e^- \rightarrow Ra$	-2.92	$AgBr + e^- \rightarrow Ag + Br^-$	0.07
$Ba^{2+} + 2e^- \rightarrow Ba$	-2.91	$Sn^{4+} + 2e^- \rightarrow Sn^{2+}$	0.15
$Sr^{2+} + 2e^- \rightarrow Sr$	-2.89	$Cu^{2+} + e^- \rightarrow Cu^+$	0.16
$Ca^{2+} + 2e^- \rightarrow Ca$	-2.87	$Bi^{3+} + 3e^- \rightarrow Bi$	0.20
$Na^+ + e^- \rightarrow Na$	-2.71	$AgCl + e^- \rightarrow Ag + Cl^-$	0.222
$La^{3+} + 3e^- \rightarrow La$	-2.52	$Hg_2Cl_2 + 2e^- \rightarrow 2Hg + 2Cl^-$	0.27
$Ce^{3+} + 3e^- \rightarrow Ce$	-2.48	$Cu^{2+} + 2e^- \rightarrow Cu$	0.34
$Mg^{2+} + 2e^- \rightarrow Mg$	-2.36	$O_2 + 2H_2O + 4e^- \rightarrow 4OH^-$	0.40
$Be^{2+} + 2e^- \rightarrow Be$	-1.85	$NiOOH + H_2O + e^-$	0.49
$U^{3+} + 3e^- \rightarrow U$	-1.79	$\rightarrow Ni(OH)_2 + OH^-$	
$Al^{3+} + 3e^- \rightarrow Al$	-1.66	$Cu^+ + e^- \rightarrow Cu$	0.52
$Ti^{2+} + 2e^- \rightarrow Ti$	-1.63	$I_3^- + 2e^- \rightarrow 3I^-$	0.53
$V^{2+} + 2e^- \rightarrow V$	-1.19	$I_2 + 2e^- \rightarrow 2I^-$	0.54
$Mn^{2+} + 2e^- \rightarrow Mn$	-1.18	$Hg_2SO_4 + 2e^- \rightarrow 2Hg + SO_4^{2-}$	0.62
$Cr^{2+} + 2e^- \rightarrow Cr$	-0.91	$Fe^{3+} + e^- \rightarrow Fe^{2+}$	0.77
$Fe(OH)_2 + 2e^- \rightarrow Fe + 2OH^-$	-0.88	$AgF + e^- \rightarrow Ag + F^-$	0.78
$2H_2O + 2e^- \rightarrow H_2 + 2OH^-$	-0.83	$Hg^{2+} + 2e^- \rightarrow 2Hg$	0.79
$Cd(OH)_2 + 2e^- \rightarrow Cd + 2OH^-$	-0.81	$Ag^+ + e^- \rightarrow Ag$	0.80
$Zn^{2+} + 2e^- \rightarrow Zn$	-0.76	$2Hg^{2+} + 2e^- \rightarrow Hg_2^{2+}$	0.92
$Cr^{3+} + 3e^- \rightarrow Cr$	-0.74	$Pu^{4+} + e^- \rightarrow Pu^{3+}$	0.97
$U^{4+} + e^- \rightarrow U^{3+}$	-0.61	$Br_2 + 2e^- \rightarrow 2Br^-$	1.09
$O_2 + e^- \rightarrow O_2^-$	-0.56	$Pt^{2+} + 2e^- \rightarrow Pt$	1.20
$In^{3+} + e^- \rightarrow In^{2+}$	-0.49	$MnO_2 + 4H^+ + 2e^- \rightarrow Mn^{2+} + 2H_2O$	1.23
$S + 2e^- \rightarrow S^{2-}$	-0.48	$O_2 + 4H^+ + 4e^- \rightarrow 2H_2O$	1.23
$In^{3+} + 2e^- \rightarrow In^+$	-0.44	$Cr_2O_7^{2-} + 14H^+ + 6e^-$	1.33
$Fe^{2+} + 2e^- \rightarrow Fe$	-0.44	$\rightarrow 2Cr^{3+} + 7H_2O$	
$Cr^{3+} + e^- \rightarrow Cr^{2+}$	-0.41	$Cl_2 + 2e^- \rightarrow 2Cl^-$	1.36
$Cd^{2+} + 2e^- \rightarrow Cd$	-0.40	$Au^{3+} + 3e^- \rightarrow Au$	1.40
$In^{2+} + e^- \rightarrow In^+$	-0.40	$Mn^{3+} + e^- \rightarrow Mn^{2+}$	1.51
$Ti^{3+} + e^- \rightarrow Ti^{2+}$	-0.37	$MnO_4^- + 8H^+ + 5e^-$	1.51
$PbSO_4 + 2e^- \rightarrow Pb + SO_4^{2-}$	-0.36	$\rightarrow Mn^{2+} + 4H_2O$	
$In^{3+} + 3e^- \rightarrow In$	-0.34	$Ce^{4+} + e^- \rightarrow Ce^{3+}$	1.61
$Co^{2+} + 2e^- \rightarrow Co$	-0.28	$Pb^{4+} + 2e^- \rightarrow Pb^{2+}$	1.67
$V^{3+} + e^- \rightarrow V^{2+}$	-0.26	$Au^+ + e^- \rightarrow Au$	1.69
$Ni^{2+} + 2e^- \rightarrow Ni$	-0.23	$Co^{3+} + e^- \rightarrow Co^{2+}$	1.81
$AgI + e^- \rightarrow Ag + I^-$	-0.15	$Ag^{2+} + e^- \rightarrow Ag^+$	1.98
$Sn^{2+} + 2e^- \rightarrow Sn$	-0.14	$S_2O_8^{2-} + 2e^- \rightarrow 2SO_4^{2-}$	2.05
$In^+ + e^- \rightarrow In$	-0.14	$F_2 + 2e^- \rightarrow 2F^-$	2.87

資料來源：M. S. Antelman (1982). The encyclopedia of chemical electrode potentials. Plenum, New York.

一種物質究竟是當還原劑或氧化劑，視其所反應的對象而定，例如雙氧水中的主要成分 H_2O_2，當它碰到碘離子(I^-)時，則當成氧化劑，氧會獲得電子（$O^{-1} \rightarrow O^{-2}$）：

$$H_2O_{2(aq)} + 2H^+_{(aq)} + 2I^-_{(aq)} \rightarrow 2H_2O_{(\ell)} + I_{2(aq)}$$

無色　　　　　　　紅色

若碰到高錳酸鉀則變成還原劑（$O^{-1} \rightarrow O^0$）：

$$5H_2O_{2(aq)} + 2MnO_4^-{}_{(aq)} + 6H^+_{(aq)} \rightarrow 8H_2O_{(\ell)} + 5O_{2(g)} + 2Mn^{2+}_{(aq)}$$

紫色　　　　　　　　　　　　　無色

三、藥 品

硫酸銅(CuSO₄, cupric sulfte) .... 1 g

碘化鉀(KI, potassiam iodide).. 0.1 g

高錳酸鉀(KMnO₄, potassium permonganate)............................. 0.1 g

濃硫酸(H₂SO₄, sulfuricacid)... 數滴

雙氧水（由學生自備）

漂白水（由學生自備或全班合購一小瓶，含氯的才行）

四、器 材

鋁箔製烤盤剪出條狀，約 2 × 5 cm，每組一條（鋁箔紙太薄，不適用）

量筒(100 mL) .... 1 個

試管 .... 4 支

錐形瓶(50 mL) .... 1 個

玻璃棒.. 1 支

五、實驗步驟

1. 鋁片變銅片

(1) 將 1 g $CuSO_4$ 溶於 50 mL 蒸餾水中,置於 100 mL 量筒內。

(2) 鋁條剪好後,任意捲成有趣的形狀,放入量筒內,泡於 $CuSO_4$ 溶液內。

(3) 於實驗間至下課前不時觀察各項變化:如溶液顏色、溶液溫度及鋁片上的固體變化等。

※ 注意:反應析出附著在鋁片上的海綿狀銅屑,若經高溫的火焰,則可熔合成為閃亮的金屬銅。

2. 雙面夏娃－雙氧水

(1) 取約 0.1 g KI,溶於 10 mL 蒸餾水,置於試管 A 中,加 1 滴濃硫酸後搖勻。

(2) 取約 0.1 g $KMnO_4$,溶於 10 mL 蒸餾水,置於試管 B 中,加 1 滴濃硫酸後搖勻。

(3) 分別在 A、B 兩試管中,逐滴滴入雙氧水,觀察 A 溶液由無色變有色(紅色),而 B 溶液由有色(紫色)變無色。

3. 廢棄液處理:本實驗所用溶液含金屬離子,建議置入廢液桶中,不可倒入水槽。

🔥 **生活小常識**

> 1. 一般藥房賣的雙氧水,乃濃度為 3% 的 H_2O_2 水溶液,即約 0.9M,另外加上少量乙醯苯胺(acetanilide)當安定劑。
>
> 2. 生活中的氧化還原反應實例相當多,例如:鐵生銹、蠟燭燃燒、生物的呼吸作用、電解、電鍍等。衣物的漂白或日久變黃、變舊與老化,都是自然而緩慢的氧化作用。
>
> 3. 漂白水分兩種:含氯的及含氧的,你知道哪一種適合漂鮮豔的衣物嗎?

實驗 16

氧化還原反應

姓名 _____	系級班別 _____
學號 _____	實驗日期 _____

實驗結果

思考方向

1. 試寫出鋁片與硫酸銅溶液所產生的反應式。電子如何轉移？何者是氧化劑？何者是還原劑？

2. 想想看，是否有其他金屬可以取代鋁片放在硫酸銅溶液中，也能產生類似的反應？（請參考表 16-1）

化學實驗
生活實用版

3. 若此實驗改成銅片放入含有鋁離子的溶液中，會不會有類似反應發生？為什麼？

4. 雙氧水的氧化／還原能力，使其成為很好的漂白劑，常見於衣物漂白及素食食品的漂白。你知道有哪些物品或產品嗎？

5. 試由表 16-1 的還原電位表中，查出 H_2O、I^- 與 MnO_4^- 的電位，說明 H_2O_2 的雙面特性原因。

氧化還原滴定－
維生素 C 含量的測定

一、實驗目的

1. 學理：氧化還原反應與當量之計算。

2. 技術：滴定技巧之熟悉。

3. 應用：比較市售各種廠牌的錠劑或果汁內的維生素 C 含量，並可得知每日適當攝取量。

二、相關知識

　　我們都知道維生素 C (vitamin C, ascorbic acid)具有酸性，且具有治療與預防壞血病的功效，故常稱之為抗壞血酸。維生素 C 極易氧化，為強還原劑，故具有抗氧化作用，近日也常聽到維生素 C 與維生素 E，一起被應用於抗自由基與老化，為最佳天然抗氧化劑。因此，在日常生活中，可見到維生素 C 被廣泛使用於化妝品、保養品、罐頭食品及油脂之添加物，以減緩皮膚及物品氧化，保持新鮮或防止變色。

　　維生素 C 的分子量為 176.1，其分子結構並非有機酸，而是一種環狀的內酯(lactone)，具有極易氧化的特性，在空氣中久置即被氧化而成去氫型的抗壞血酸。故可利用碘分子當氧化劑與其作用，而計算出維生素 C 含量。此反應如下式：

由於固態碘分子在常溫下易昇華,且對水的溶解度很低,故反應時所用的碘溶液的配製,常採用直接生成法,即取碘酸根與碘離子在酸性溶液中的自身氧化還原反應而得,其反應如下:

$$IO_3^- + 5I^- + 6H^+ \rightarrow 3I_2 + 3H_2O$$

以上的滴定反應,使用澱粉溶液當指示劑,因為達滴定終點時,維生素 C 會完全被作用完,而多滴入的碘分子即會和預先滴入的澱粉生成藍色錯合物而顯色。溶解的維生素 C 極不穩定,極易氧化,因此在滴定時用鋁箔將瓶口封妥,避免與空氣接觸而遭破壞。

在果汁的滴定中,若果汁的顏色較深,如橘汁呈深黃色,會妨礙滴定終點的觀察,因此先用活性碳過濾處理,可除去果渣與脫色。

三、藥 品

0.01M 碘酸鉀(KIO₃, potassium iodate)..............................50 mL

碘化鉀(KI, potassium iodide)..............................2 g

0.3M 硫酸(H₂SO₄, sulfuric acid)..............................25 mL

蒸餾水 ....加成 100 mL

可溶澱粉(starch)..............................2 g

蒸餾水 ....100 mL 可全班使用

硼酸(H₃BO₃, boric acid)..............................1 g

學生自備各廠牌的維生素 C 片與含維生素 C 的果汁

（維生素 C 的含量勿太高，尤其是 C 片，因高劑量將耗用大量的碘液才能作用完）

草酸(oxalic acid, HOOCCOOH)... 0.2 g

活性碳(activated carbon) .... 1~2 匙

四、器　材

刻度量瓶(100 mL, 50 mL, 25 mL) .... 各 1 個

錐形瓶(250 mL) .... 2 個

攪拌棒... 1 支

研缽及杵... 1 組

抽氣過濾裝置 .... 1 組

燒杯(100 mL) .... 1 個

五、實驗步驟

1. 溶液配製

(1) 碘溶液製備：

(a) 用刻度量瓶量取 50 mL 0.01M 碘酸鉀溶液，置於 100 mL 刻度量瓶中。

(b) 加入 2 g 碘化鉀與 25 mL 0.3M 硫酸溶液。

(c) 將此溶液加水至總體積為 100 mL，充分混合，則此溶液應相當於 0.015M 的碘溶液(I_2)。

(2) 澱粉液配製：

(a) 取 2 g 可溶澱粉，先加 20 mL 蒸餾水，攪拌均勻。

(b) 倒入 80 mL 沸水，混和均勻後，加 1 g 硼酸當防腐劑，貯存起來。可供全班使用。

2. C 片的滴定

(1) 滴定管清洗後，用碘液沾濕內壁，倒出後，再將碘液裝滿滴定管，記下讀數。

(2) 維生素 C 片先磨成粉末，取約 0.2 克，精稱其重量至 0.01 克。放入 250 mL 的錐形瓶內。

(3) 瓶內加 50 mL 蒸餾水使藥片溶解，並加入 2 mL 澱粉溶液當指示劑，以鋁箔紙封住瓶口並搖盪使溶解均勻。

(4) 錐形瓶下墊一張白紙，以利觀察。

(5) 將碘液滴定管的尖端插入鋁箔紙，使伸入錐形瓶上方。開始滴入碘液，邊滴邊搖動錐形瓶，使溶液混合。

(6) 滴定至藍色呈現 30 秒不消失，即為終點，記下所用掉的碘液體積。

(7) 重複此滴定兩次，平均兩次的體積，若兩次體積差過大，應再做第三次，取兩次較接近之平均值。

3. 果汁中維生素 C 含量的滴定

(1) 取 50 mL 果汁（記下商標品名及維生素 C 含量），裝於 100 mL 燒杯中。

(2) 加入 0.2 克草酸作為抗氧化劑，攪拌至溶解，再加入 1~2 小匙活性碳，幫助過濾，避免果渣塞住濾紙上的孔隙，同時可脫色。

(3) 抽氣過濾即可得到淡顏色的果汁。

※注意：濾瓶應乾燥，以免果汁被稀釋。

(4) 取 20 mL 上述過濾處理的果汁，裝至 250 mL 錐形瓶中，另加入 1 mL 澱粉溶液當指示劑。

(5) 如前面 C 片的滴定操作，記下所用掉的碘溶液體積。重複兩次，取平均值。

實驗 17

氧化還原滴定－維生素 C 含量的測定

姓名 ＿＿＿＿＿＿＿＿＿＿＿　　系級班別 ＿＿＿＿＿＿＿＿＿＿＿

學號 ＿＿＿＿＿＿＿＿＿＿＿　　實驗日期 ＿＿＿＿＿＿＿＿＿＿＿

實驗結果

思考方向

1. 碘溶液配製的反應式：$IO_3^- + 5I^- + 6H^+ \rightarrow 3I_2 + 3H_2O$

   試由步驟 1 中所用的碘酸鉀及碘化鉀之量，推算出碘溶液的濃度（是否為 0.015M）。

2. 由維生素 C 滴定的反應式：

$$O=\overset{O}{\underset{OH\ OH}{\diagdown}}CHOH-CH_2OH + I_2 \longrightarrow O=\overset{O}{\underset{O\ \ O}{\diagdown}}CHOH-CH_2OH + 2I^- + 2H^+$$

可知維生素 C 與 I_2 的莫耳數為 1:1。若已知維生素 C 的分子量為 176 克／莫耳，且已知 I_2 溶液的濃度為 0.015M，試推算出每 mL 的碘液可作用多少克的維生素 C？（1 mL I_2 相當於 2.64 mg 維生素 C）

3. 由實驗結果，計算出你的 C 片內應含多少維生素 C？此數值是否與商品標示相符？若不符，有那些誤差的可能來源？

4. 果汁的滴定前處理中，加入草酸的用處是什麼？加入活性碳的目的是什麼？取 20 mL 果汁，不加以上兩項，重做一次過濾看看，結果有何差異？

5. 果汁滴定的結果，每 100 mL 果汁中應含多少 mg 維生素 C？此與包裝上相符否？若每人每天至少需攝取 60 mg 的維生素 C，則應由多少 mL 果汁才可滿足需求量？

6. 試查營養學資料，找出日常食品中，有哪些富含維生素 C 的食物，並例舉其含量。

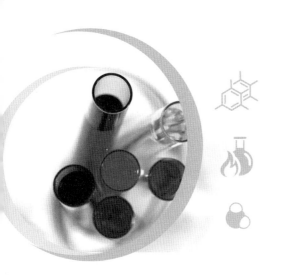

有機分子模型

一、實驗目的

1. 學習分子模型的拼裝。

2. 建立原子排列與鍵結的觀念，用模型幫助想像。

3. 熟悉有機分子中官能基的結構。

4. 認識各種異構物在立體上的關係。

二、相關知識

　　有機化合物的主幹都是由碳原子所組成，而飽和的碳原子是以 sp^3 軌域鍵結，形成正四面體的立體形狀。立體的分子結構不易用平面表示，因此若能以球代表原子，以棒代表鍵結，做成分子模型，不但有助於空間上原子相對位置的瞭解，更可加深印象，幫助學習。

　　有機化合物的分類，是以官能基為主，常見的有烷、烯、炔、醇、酚、醚、醛、酮、酸、酯及胺類等。在本實驗中，我們將練習在每一種官能基類別中做出一個代表的分子，以幫助記憶及理解。

　　有機化合物常會出現同一個分子式卻可畫出不同空間結構的情形，稱為**同分異構物(isomers)**。而異構物又可分為下列幾種情形：

1. **結構異構物**：分子內各原子的排列位置不同而形成。例如：

   C_5H_{12} 可有下列各結構異構物：

H—C—C—C—C—C—H   H—C—C—C—C—H   H—C—C—C—H

   $C_2H_4Cl_2$ 可有下列兩種結構異構物：

H—C—C—H   Cl—C—C—H

2. **幾何異構物**：當分子內具有雙鍵或環狀時，因鍵不能任意旋轉，便會造成順式／反式，或 E 式／Z 式的異構物。例如：

   1,2-二氯乙烯

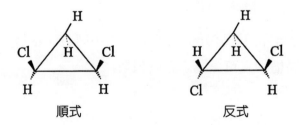

   順式   反式

   1,2-二氯環丙烷

   順式   反式

3. **光學異構物**：分子中若有一個碳原子四個鍵上所接的四個基群全不相同，且分子中沒有對稱面時，此分子會使平面偏極光偏轉，且所偏轉的角度與其鏡像異構物相同，只是方向恰相反。例如：

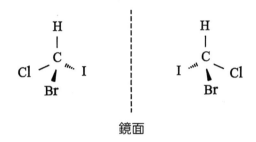

鏡面

將此兩化合物做成模型後無法重疊，因此乃為不同的化合物。

三、器 材

有機分子模型 .... 每組 1 套

四、實驗步驟

先將下列各化合物，由名稱畫出其分子的結構式 ，再依結構式組合模型。組合完成後，將其畫下來，並註明觀察心得。

※ 注意：飽和的碳原子為 SP^3 鍵結，四面體結構，故應選用 4 個洞的黑色球當碳原子，絕不可用五或六個洞的原子，以免鍵角錯誤造成分子形狀不正確。

1. 不同的官能基：

   (1) 乙烷　　　　(5) 乙醚　　　　(9) 乙酸甲酯　　(13) 甲苯

   (2) 乙烯　　　　(6) 乙醛　　　　(10) 乙胺　　　　(14) 苯酚

   (3) 乙炔　　　　(7) 丙酮　　　　(11) 乙醯胺

   (4) 乙醇　　　　(8) 乙酸　　　　(12) 苯

2. 環烷類：

   (1) 環丁烷　　　(2) 環戊烷　　　(3) 環己烷　　　(4) 正己烷

※在過程中，應注意：

 (1) 環加大時，其環上的扭張力有何不同（以短鍵相接較明顯）

 (2) 環己烷要試做船式與椅式間的翻轉。

3. 順／反異構物：

 (1) 順-1,2-二氯乙烷與反-1,2-二氯乙烷。

 (2) 順-1,2-二氯環己烷與反-1,2-二氯環己烷。

4. 光學異構物：

 做出下列各對鏡像異構物，再試試是否重疊。若否，則差異在哪裡？

 (1) CH_3Cl

 (2) CH_2ClBr

 (3) $CHClBrI$

實驗 18

有機分子模型

姓名 _____　系級班別 _____

學號 _____　實驗日期 _____

實驗結果

思考方向

1. 在模型組中，有提供不同長度的鍵，應如何使用之？試想單鍵、雙鍵、參鍵的關係？

2. 組合環丁烷→環戊烷→環己烷的過程中，是否注意其扭曲力的不同，說明為何以六元環最穩定？

3. 椅式環己烷比船式穩定，為什麼？並注意軸向與赤道向的相對位置。對穩定度有何影響？

4. 正己烷如何轉變成環己烷？兩者間有無原子的增減？

5. C_6H_{12} 共有幾種不同的異構物？哪些是結構異構物？哪些是幾何異構物？

6. 酒石酸的分子結構為

$$\underset{HO}{\overset{O}{\diagdown}}C-\underset{H}{\overset{H}{\underset{|}{\overset{|}{C}}}}-\underset{H}{\overset{H}{\underset{|}{\overset{|}{C}}}}-C\underset{OH}{\overset{O}{\diagup}}$$

請問可有幾個不同的光學異構物？試將其畫出來。

7. 近來新聞報導的「毒澱粉」主角—順丁烯二酸(maleic acid)的結構為

，脫去一分子水，則變成順丁烯二酸酐(maleic anhydride)，

結構為 。試做出以上兩種化合物的分子模型。

由茶葉中萃取咖啡因

一、實驗目的

1. 認識藥物－咖啡因，植物鹼的一種。

2. 熟悉有機分析與合成的基本技術：迴流加熱、抽氣（減壓）過濾、萃取、再結晶或昇華。

二、相關知識

　　咖啡因(caffeine)在 1820 年首次從植物中抽製而得，是一種應用很廣的藥物，而且在我們日常生活中，例如咖啡、茶、可樂、巧克力和可可種子中都能發現。每杯咖啡和茶中含有 100~150 mg 的咖啡因；16 oz.的可樂中含有 45~70 mg 的咖啡因。日常飲用通常不易達到咖啡因的致死量（約 10 g），但在攝取超過 1 g（約 6~10 杯咖啡）時即有明顯之副作用。

　　咖啡因通常為許多非指定藥方上的主成分，主要作用為刺激中樞神經系統與心臟。它可興奮精神狀態、提神和消除疲勞。它會增加每分鐘由心臟輸出血液的總量，故可用於阻塞性心衰竭。咖啡因亦為一種中度的利尿劑。近期研究發現，咖啡因會打斷染色體，而在懷孕時產生毒害。

　　咖啡因又稱為茶鹼、甲基可可鹼、1,3,7-三甲基黃嘌呤，是一種含氮的生物鹼，分子式 $C_8H_{10}N_4O_2$（圖 19-1），分子量 194.19，為無色柱狀晶體（以昇華精製），熔點 238°C、昇華點 178°C。

$$\text{圖 19-1} \quad \text{咖啡因(caffeine)}$$

➲ 圖 19-1　咖啡因(caffeine)

三、藥　品

1. 下列含咖啡因物品可由學生提供：

   茶葉 10 克，或茶包 10 個，或咖啡 10 克；若用可樂則需較多，需 16 o.z.（約 1 瓶）。

2. 碳酸鈣($CaCO_3$, calcium carbonate)... 5 g

   或碳酸鈉(Na_2CO_3, sodium carbonate) .... 5 g

3. 乙酸乙酯($CH_3COOC_2H_5$, ethyl acetate) .... 40 mL

4. 無水硫酸鎂($MgSO_4$, magnesium sulfate)............................... 2 g

5. 紅色石蕊試紙，廣用試紙

四、器　材

燒杯(400 mL)以錶玻璃加蓋（或用迴流裝置效果更好）.......... 1 組

酒精燈或其他加熱裝置 .... 1 組

抽氣過濾裝置 .... 1 組

分液漏斗及鐵架、鐵圈... 1 組

燒杯(100 mL) .... 1 個

圓底燒瓶(250 mL)... 1 個

五、實驗步驟

1. 煮沸

稱約 10 g 茶葉（或以 10 個茶包取代），放入 400 mL 燒杯中，再加入 200 mL 蒸餾水及 5 克碳酸鈣或碳酸鈉固體，以紅色石蕊試紙試之呈鹼性即可。攪拌後煮沸約 20~30 分鐘。此步驟可用迴流裝置，或直接以燒杯蓋上錶玻璃加熱即可，但此法水分會逸散，要注意隨時加水。

註：茶葉中因含有單寧酸，可樂中則常含苯甲酸當防腐劑，故加入碳酸鈣皆可
　　產生鹽類而沉澱，再經由過濾除去。

2. 過濾

上述茶液關火後，待稍微冷卻，即可用傾析及抽氣過濾方法，除去茶葉等固體殘渣。

3. 萃取

(1) 上述濾液約冷卻至室溫，倒入分液漏斗中，並小心地加入 20 mL 乙酸乙酯，以旋轉方式搖動分液漏斗約 5 分鐘（搖動時以旋轉方式即可，勿太劇烈，以免形成乳化層，影響分離。並要記得時時放氣）。

(2) 將分液漏斗靜置鐵環上約 5~10 分鐘，至液面分層，將下層的乙酸乙酯溶液收集至 100 mL 的燒杯中。

(3) 再次用 20 mL 乙酸乙酯重複萃取動作一次，並將下層合併起來（若時間許可，此萃取動作可改為每次用 l0 mL，共萃取 4 次，則效果更佳）。

4. 去水乾燥（若時間不足，此步驟可省略，直接至步驟 5）

在萃取液中加入 2 克無水硫酸鎂以除去水分。然後過濾，濾液裝入 100 mL 的燒杯中。

5. 水浴蒸發及昇華

在通風櫥中裝置熱水浴，將上述所得的萃取液加熱除去溶劑至體積剩下約 15 mL 為止（此處若能用蒸餾方式更好，可將溶劑回收）。圓底燒瓶裝水，緊貼在燒杯口上面，以小火緩慢加熱燒杯，觀察在圓底燒瓶底部是否收集到白色柱狀結晶，此即為咖啡因。稱重並計算出產率有多少。

6. 酸鹼度試驗

取咖啡因晶體少許溶於蒸餾水中，滴一滴在廣用試紙上，並依其顏色變化定出其 pH 值。

 生活小常識

1. 植物鹼為植物體中自然含有的氮化合物，有控制生理作用的特性。適量使用可作為藥物，但濃度過高且長期使用時，對身體會造成危害，即新聞中常聽到的毒品。生物鹼(alkaloid)的意義是「像鹼類」(alkalilike)，因其結構都是含氮的雜環，具有鹼性。

2. 重要之植物鹼及其來源：
    (1) 毒芹鹼(coniine)－毒芹之種子（蘇格拉底即被迫服此毒藥致死）。
    (2) 菸鹼(nicotine)－菸葉。
    (3) 胡椒鹼(piperine)－胡椒。
    (4) 古柯鹼(cocaine)－古柯葉，即可可葉（為強力麻醉劑，但毒性大且易上癮）。
    (5) 龍葵鹼(atropine)－顛茄植物（常用做瞳孔放大劑）。
    (6) 奎寧(quinine)－金雞納皮。
    (7) 辛可寧(cinchonine)－金雞鈉皮。
    (8) 番木鱉(strychnine)－番木鱉種子。
    (9) 馬錢子鹼(brucine)－番木鱉種子。
    (10) 嗎啡(morphine)－鴉片罌粟（具強麻醉性，但用久易上癮）。
    (11) 可待因(codeine)－鴉片（為嗎啡之衍生物，可作為止咳劑）。
    (12) 那可丁(narcotine)－鴉片。
    (13) 毛果芸香鹼(pilocarpine)－耶僕蘭日葉。
    (14) 吐根鹼(emetine)－吐根葉。
    (15) 咖啡鹼(caffeine)－咖啡、茶。
    植物鹼可由加不同之試劑而呈各種顏色，此呈色反應對種類之鑑別至為有用。

實驗 19

由茶葉中萃取咖啡因

姓名 _____　　系級班別 _____

學號 _____　　實驗日期 _____

實驗結果

思考方向

1. 試查資料舉出咖啡因的醫療用途，至少兩種。

2. 何謂迴流裝置？在步驟 1 中，若使用迴流裝置有何優點？

3. 試探討萃取之原理，為什麼 40 mL 溶劑分為四次比用 20 mL 萃取兩次效果好？

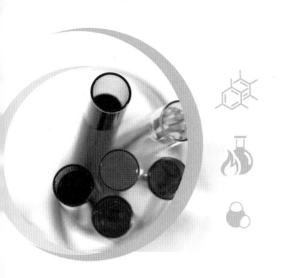

香菸中尼古丁含量 之分析

一、實驗目的

1. 學習使用蒸餾技術，以鹼液萃取尼古丁。

2. 應用酸鹼滴定，分析所萃取出的尼古丁含量。

3. 比較市售各種廠牌的香菸中尼古丁含量的情形。

二、相關知識

　　香菸中之菸草主要成分為菸鹼，即尼古丁(nicotine, $C_5H_4N\text{-}C_4H_7N\text{-}CH_3$)，分子量 162.23。

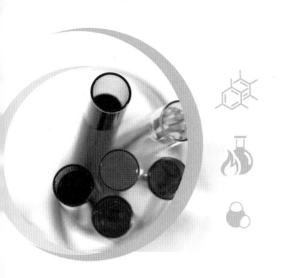

⊃ 圖 20-1　尼古丁

　　為無色液體，是一種劇毒性生物鹼，沸點 247°C，至零下 30°C 不凝固，比重為 1.01（於 20°C）。可溶於水、乙醇，吸濕性強。有燒灼味與微臭，暴露在大氣中則會發出菸草之特異臭氣，久置變成褐色樹膠樣物質。

　　尼古丁可顯著增加汗腺及唾腺之分泌，且能使中樞及末梢神經興奮，讓腸及血管收縮，使血壓上升。對氣管有刺激性，此外還會發生嘔吐、精神錯亂、痙攣。40

mg 就能使人致死，若以 500 mg 注入血液中，則足以使人立刻死亡。接觸此物的毒性雖弱，但氯化菸的毒性強，為一種接觸性殺蟲劑，常用以噴灑食樹葉的害蟲。

菸草中除含菸鹼外，尚含有微量之菸草樹脂、蠟質與普通植物成分等。根據 Konig 氏菸葉之分析，菸草中菸鹼之含量為 0~7.96%，平均 2.09%。

三、藥 品

由學生自備各種廠牌香菸 .... 每組至少 10 支

30%氫氧化鈉(NaOH, sodium hydroxide)水溶液 .... 50 mL

0.1N 硫酸(H_2SO_4, sulfuric acid)水溶液 .... 100 mL

酚紅(phenol red)指示劑（pH 值變色範圍 6.8~8.4，酸中呈紅色，鹼中呈黃色）

四、器 材

加熱裝置（酒精燈或加熱板、石綿心網）..................................... 1 套

蒸餾裝置（100 mL 蒸餾瓶、李必氏冷凝器、溫度計、鐵架及廣用夾）...... 1 套

錐形瓶（150 mL，500 mL）.. 各 1 個

滴定管，滴定管架 .... 1 組

分液漏斗 .... 1 個

濾紙條(16 cm × 2 cm)... 1 條

紫外光燈(UV lamp)或裝有固體碘的錐形瓶(500 mL) .... 1 個

五、實驗步驟

1. 萃取菸葉中的尼古丁

　(1) 同一種廠牌香菸 10 支，撕開外層捲菸紙取其菸葉，精稱其菸葉重量。

(2) 將稱好質量的菸葉置於 100 mL 蒸餾瓶中，加入 30%之氫氧化鈉(NaOH)溶液 50 mL，加熱蒸餾，至獲取蒸餾液 40~45 mL 為止。以石蕊試紙試其酸鹼度。

2. 尼古丁含量之分析

精確量出蒸餾液體積後，將蒸餾液移至錐形瓶中，滴入數滴酚紅指示劑，以 0.1N 硫酸溶液滴定之，記下所用去的硫酸溶液體積。

3. 尼古丁濃度及含量之計算

利用下列公式求出尼古丁濃度，然後由分子量換算為所含尼古丁的質量。

$$N_1V_1 = N_2V_2$$

N_1：H_2SO_4 濃度(0.1N)　　V_1：滴定所用去 H_2SO_4 體積

N_2：尼古丁溶液濃度　　V_2：尼古丁溶液體積

尼古丁($C_5H_4N\text{-}C_4H_7N\text{-}CH_3$)分子量：162 g/mol

 生活小常識

1. 未抽過的香菸濾嘴上，也可檢驗出尼古丁，足見尼古丁具有揮發性，且隨溫度增加其揮發性漸增。因此，香菸點燃後，空氣中即會有大量尼古丁，對鄰近不吸菸者傷害甚大。

2. 有實驗數據顯示：已抽過 1/2 的香菸菸草中尼古丁含量比未抽的香菸多，平均約 2.5~3.5 倍；已抽 1/2 的香菸濾嘴內尼古丁含量為未抽的濾嘴的 10~15 倍。所以每支菸勿抽得太短。

3. 尼古丁加以氧化，可生成菸鹼酸。菸鹼酸（niacin，又稱為尼古丁酸(nicotinic acid)）是維生素 B 之一種，有抗癩皮病的功效。在瘦肉及肝中含量豐富。

➲ 圖 20-2　菸鹼酸(niacin)

實驗 20

香菸中尼古丁含量之分析

姓名	_____	系級班別	_____
學號	_____	實驗日期	_____

實驗結果

思考方向

1. 試查資料舉出尼古丁所引起的症狀／疾病,至少兩種。

2. 在步驟 1 中所得的蒸餾液,是否為鹼性?其鹼性是由 NaOH 所致?或由菸葉中的生物鹼所致?(可使用 30%之氫氧化鈉(NaOH)溶液 50 mL,直接加熱蒸餾,當作對照組,即可確定之)

有機化學合成反應－
阿斯匹靈的製備

一、實驗目的

1. 認識有機化學合成反應的乙醯化反應及其應用。

2. 對藥物中常用的阿斯匹靈之分子結構及製備原理有初步的認識。

3. 學習有機合成、純化及檢驗的過程。

二、相關知識

　　一般而言，藥物(drugs)也是化學物質，且它們能在新陳代謝中參與反應而影響生理過程。阿斯匹靈 (aspirin) 是應用極廣的一種藥物，乃是乙醯水楊酸(acetylsalicylic acid)的商品名稱。其分子式為：

COOH

O－C－CH₃

‖

O

⊃ 圖 21-1　乙醯水楊酸（阿斯匹靈）

　　此化合物為白色板狀或針狀晶體，熔點 135°C，$K_a = 3.27 \times 10^{-4}$，遇濕氣會逐漸水解。可作鎮痛劑、解熱劑、抗炎症劑，尤其對風濕性關節炎特別有效。

　　因為游離的水楊酸對胃的機能有害，因此製成其衍生物的形式，則可通過胃不釋出酸，等進入小腸後被酵素水解，才釋出游離酸，然後立刻與腸液中和，再被吸

收利用。在工業上大量製造時，常用醋酸酐當乙醯基試劑，將水楊酸乙醯化，因此本反應稱為乙醯化反應，此反應也可視為一種酯化反應，因為產物具有酯的官能基。

⊃ 圖 21-2　乙醯化反應

反應生成的阿斯匹靈不溶於熱水，但反應物皆可溶於熱水中，因此易於分離純化。純化後的產物，可用 1%氯化鐵加以檢驗；因阿斯匹靈不含酚基，不會呈色，而水楊酸則具有酚基，會生成鐵錯離子而使溶液呈藍色或紫藍色。

三、藥 品

水楊酸($C_6H_4COOHOH$, salicylic acid) .... 2 g

醋酸酐($CH_3COO\text{-}COCH_3$, acetic anhydride)............................. 5 mL

濃硫酸(H_2SO_4 , sulfuric acid).. 1 mL

乙醚($(C_2H_5)_2O$, ethyl ether).. 適量

石油醚(petroleum ether) .... 適量

市售純阿斯匹靈 .... 少量

95% 乙醇(C_2H_5OH, ethanol) .... 3 mL

1% 氯化鐵($FeCl_3$, ferric chloride)水溶液 .... 1 mL

四、器 材

錐形瓶(50 mL) .... 1 個

熱水浴 .... 1 個

冰水浴 .... 1 個

抽氣過濾裝置 .... 1 套

試管 .... 3 支

玻棒 .... 1 支

量筒(10 mL)或刻度吸管 .... 1 個

五、實驗步驟

1. 乙醯化反應(acetylation)

(1) 在 50 mL 錐形瓶中放入 2 g 水楊酸及 5 mL 醋酸酐,再加入 1 mL 濃硫酸（也可用 85%磷酸,但反應較慢）。

※ 注意：醋酸酐為脫水醋酸,對水非常敏感,故錐形瓶應保持乾燥,且醋酸酐具強烈刺激性,會灼傷皮膚,若接觸到,應立即用水及肥皂清洗。

(2) 搖動錐形瓶,使均勻混合。再將錐形瓶放入熱水浴中加熱 10~20 分鐘,至固體完全溶解。

(3) 將錐形瓶移出熱水浴,在內容物未完全冷卻前,小心逐滴加入 2 mL 蒸餾水,以除去過剩的醋酸酐。

※ 注意：此處反應會有酸性蒸氣產生,且反應可能很劇烈,待反應平息後,再加 20 mL 冷水。

(4) 將錐形瓶置於冰浴中冷卻至結晶出現,若結晶很慢,可用玻棒在錐形瓶內壁上摩擦。冰浴中冷卻至結晶完全後取出過濾。冷卻過程中儘量不去攪拌,則結晶較大較完全。

(5) 過濾,以 15 mL 蒸餾水沖洗產物。

2. 再結晶

(1) 用量筒或刻度吸管取乙醚，將乙醚少量逐漸加入結晶中，至結晶完全溶解，記下乙醚使用量。

(2) 加入相同體積的石油醚，然後置於冰浴中結晶。

(3) 過濾後，乾燥，稱重，計算產率。

3. 定性檢驗

(1) 可將產物測熔點（約 135°C），並對照原反應物、水楊酸的熔點（約 159°C），以確定產物的生成。

(2) 取 3 支試管，分別置入約 10~50 mg 的(a)產物、(b)水楊酸、(c)市售阿斯匹靈，並各加入 1 mL 95% 乙醇溶解之。

(3) 於各試管中滴入 2 滴 1% $FeCl_3$ 溶液，觀察顏色變化及深淺度，記錄之。溶液顏色愈深則表示產物中含未作用完的水楊酸愈多。

🔥 生活小常識

1. 早期人們發現楊柳樹皮中含有某些成分，可以退燒、止痛，所以早期必須剝除大量的楊柳樹皮才能提煉少許藥物，過程辛苦，價錢昂貴。直到 1897 年，德國科學家才將此藥效的主成分－水楊酸，又稱柳酸，分離出來，並利用化學合成方式加以大量製造，此即阿斯匹靈的由來。

2. 阿斯匹靈因能阻斷前列腺素的合成，讓疼痛受體減少感受性，因此有止痛功能，但服用大量的阿斯匹靈確實會傷胃。因為阿斯匹靈雖不易在中性溶液中溶解，但在酸性溶液中會溶於脂肪而進入胃黏膜內，在胃黏膜內釋出氫離子而逐漸侵蝕黏膜的表皮護障，所以服用時最好和胃藥（制酸劑）一起服用。尤其若胃痛時，乃因胃酸刺激胃黏膜所致，更不可服用阿斯匹靈止痛，反會造成胃出血。此外，小孩子發燒時若服用可能引發雷氏症候群，應避免。有蠶豆症、嚴重貧血者都不應使用。

3. 1988 年新英格蘭醫學期刊發表，若每月服用不會破壞胃組織的低劑量（約 75~100 mg）阿斯匹靈，可減少心肌梗塞的發生率。最近更有文獻指此藥也可以預防某些癌症的發生，因此醫學界對此藥的研究興趣仍在持續進行中。

實驗 21

有機化學合成反應－阿斯匹靈的製備

姓名 _____ 系級班別 _____

學號 _____ 實驗日期 _____

實驗結果

思考方向

1. 實驗中使用 2 g 水楊酸($MW = 138$)及 5 mL 醋酸酐（比重為 1.080）反應，試寫
   出反應式，並計算阿斯匹靈($MW = 180$)的理論產量。你由實驗結果獲得的產率
   為多少％？

2. 醋酸酐遇水，立即反應生成醋酸，請寫出其反應式。

3. 再結晶過程中，使用乙醚與石油醚當溶劑，以純化產物，你想是什麼原因？

4. 以化學觀點而言，阿斯匹靈是屬於哪種結構的化合物？它可溶於水嗎？可溶於酸嗎？或鹼呢？

酯化反應 —
人工香味的製造

一、實驗目的

1. 認識自然界中有許多食物與植物的香味乃是來自於酯類化合物。

2. 進一步認識有機化合物中的酯類化合物及其反應形式。

3. 瞭解實驗室中合成酯類化合物（人工花果香料）的方法。

4. 學會辨識食品標示中的合成香精。

二、相關知識

　　酯類化合物(esters)一般是無色的。分子量低者為液體，具揮發性，且多為花卉或水果的特殊香味，因此又稱為果香精；常添加於餅乾、糖果與飲料上，並可用作油漆的溶劑、人造纖維、照相底片和化妝品的製造原料。至於高分子量的酯類則多為固體，且不具香味，例如脂肪、油、鯨蠟、蜂蠟、阿斯匹靈等。除了食物的油脂外，蠟類常見於動物毛皮的保護層，且多用於製造鞋油、蠟燭、地板蠟和藥物及化妝品的軟膏。

　　果香精類的人工香味分子在實驗室即可合成，是由有機酸(RCOOH)與醇類(R'OH)作用，脫去一分子水而產生的分子量較小的酯類化合物，此反應稱**酯化反應**(esterification)。酯化反應為可逆反應，故常加入濃硫酸當脫水劑，以除去反應所生成的水，因此可減少逆反應發生，而獲得較多的酯類產物，所得的酯類名稱即由其反應物而來，其反應方程式及命名方式如下：

$$R - C \overset{O}{\underset{OH}{\diagdown}} + H \diagdown O - R' \ \underset{\longleftarrow}{\overset{H^+}{\longrightarrow}} \ R - C \overset{O}{\underset{O - R'}{\diagdown}} + H_2O$$

x酸　　　　　　y醇　　　　　　　　　　　　x酸 y酯

三、藥 品

1. 表 22-1 為合成各種常見水果香料的成分與用量：

➥ 表 22-1

酸	醇	濃硫酸	酯類	香味
冰醋酸 3 mL	異戊醇 2 mL	15~20 滴	乙酸異戊酯	香蕉
正丁酸 2 mL	甲醇 2 mL	15~20 滴	正丁酸甲酯	蘋果
正丁酸 2 mL	乙醇 2 mL	15~20 滴	正丁酸乙酯	鳳梨
冰醋酸 3 mL	正辛醇 2 mL	10~15 滴	乙酸正辛酯	橘子
丙酸 3 mL	正戊醇 2 mL	15~20 滴	丙酸正戊酯	杏子
水楊酸 1 g	甲醇 2 mL	8~10 滴	水楊酸甲酯	冬青油 (wintergreen)

註：濃硫酸用量勿太多，1 mL 約相當於 20 滴。

2. 學生自備含上表中水果香味的

　　(1) 飲料、餅乾、糖果（包裝上含成分表）

　　(2) 汽車／室內芳香劑（固體、液體狀皆可）

四、器 材

試管 .... 6 支

試管架 .... 1 個

量筒(10 mL) .... 1 個

加熱攪拌器或酒精燈 .... 1 個

熱水浴或燒杯(500 mL) .... 1 個

蠟筆或油性簽字筆以標示試管.. 1 支

鋁箔紙.. 少量

五、實驗步驟

1. 人工合成的酯類化合物

(1) 先以 500 mL 的燒杯，裝水至約 1/2 滿，加熱至沸騰當熱水浴。

(2) 依表 22-1 所示，將有機酸、醇及濃硫酸加入試管中，試管口蓋上鋁箔紙，並搖晃試管使內容物均勻混合，小心勿濺出！

(3) 將試管放入熱水浴中加熱，煮沸約 2 分鐘。

(4) 戴上防護眼鏡，除去鋁箔，並以手搧試管口處聞其味道。也可將試管內溶液取出一、二滴，加入熱水中，如此將有助於香味之擴散。

2. 市售產品之觀察

(1) 由自備產品之成分表中，讀取較類似人工香味之名稱，由此養成讀取食品標示之習慣。

(2) 比較產品之味道與自製產品味道之異同，並記錄之。

生活小常識

市面上的罐裝咖啡，有些並非咖啡豆煮成，而是以綠豆粉加入咖啡香精、起雲劑、焦糖色素、化學咖啡因而成的人工製品，消費者應學會看市售食品的標示內容。

實驗 22

酯化反應－人工香味的製造

姓名	_____	系級班別	_____
學號	_____	實驗日期	_____

實驗結果

思考方向

1. 試寫出表內六種酯類合成的化學方程式（以結構式表示）及英文命名。

2. 室內／汽車芳香劑，固體或液體，試討論各產品各是用何種方式幫助其香味擴散？

3. 為什麼有些植物具有天然香味？例如薰衣草、玫瑰等，這些也是酯類化合物嗎？試查閱相關書籍。

4. 現在人們較喜愛「天然產品」，因此市面上有許多食品、化妝品等常標示著「不含人工香味、色素」等添加物。請問你是否可由產品的成分表中，分辨出哪些成分可能是人工香味或合成酯類化合物？試寫出幾個成分名稱（英文名稱字尾多為-ate 者）。

染料與染色

一、實驗目的

1. 初步認識有機染料的結構與特性。

2. 認識染色方式及其基本原理。

二、相關知識

　　一般色料可分為無機顏料與有機染料兩大類。油漆、墨水、水彩等多為礦物，即是金屬的鹽類，是無機物；而添加在食品、化妝品及紡織業中所用的染料則以有機化合物為主。有許多有機染料，我們並不陌生，例如常用來當指示劑使用的酚酞、甲基橙、剛果紅等都是。

　　太陽光是地球上最大的光源，雖似無色，但卻是由許多波長不同的光組合而成，其中包括紅、橙、黃、綠、藍、靛、紫等人類肉眼可分辨的可見光。地表上的物體之所以會呈現顏色，是因可見光中一部分被構成物質的分子所吸收，一部分反射出來，被人類眼睛接收。因此，紅色物體是因紅光被反射，其他光被吸收之故。

　　作為染料的化合物本身必定顏色鮮明，這是因為其分子結構中含有特殊的官能基，稱為**發色基**(chromophores)，會吸收可見光的能量。這些官能基通常具有雙鍵的未定域電子，如苯環，$-NO_2$（nitro，硝基），$-N=N-$（azo compound，重氮化合物）和 $=\langle\bigcirc\rangle=$（p-quinoid，蒽醌）等結構。

　　除了發色基，染料化合物還要具有易與被染物黏著而結合的能力，通常是一種具有酸性或鹼性的離子型官能基，稱為**助色基**(auxochromes)，例如–OH、–SO₃H、–COOH，以及鹼性的–NH₂、–NHCH₃ 和–N(CH₃)₂ 等。因為染色過程並不是染料覆蓋在纖維上而已，而是要分散進入纖維中與纖維分子結合，如此才不易被洗去而褪色。若一化合物只具發色基，而無助色基，則無法用作染料。

　　若依染料分子的結構特性分類，可將染料分為下列數種：

1. 偶氮染料（azo dyes，含–N=N–）：如甲基橙、剛果紅（鹼性中）。

2. 蒽醌染料(anthraquinone dyes)：如茜素(alizarin)。

3. 類靛藍染料(indigoid dyes)：如靛藍(indigo blue)。

4. 硝基與亞硝基染料(nitro and nitroso dyes)：如苦味酸(picric acid)。

5. 三苯基甲烷染料(triphenyl methane dyes)：如孔雀石綠(malachite green)。

6. 其他染料(other dyes)：如硫黑(sulfur dyes)。

　　一般天然動物纖維如羊毛及絲，均為蛋白質組成，胺基酸分子上常含有酸基與鹼基，因此可直接染色，一般可直接染色的染料，大都是易溶於水，且含有鹼性及酸性助色基的染料。反而為了阻止吸收過速而分佈不均，常會加入格勞勃鹽（Glanber's salt，即 Na₂SO₄·10H₂O）或醋酸等化合物當**均一劑**(leveling agent)以降低染色速度。而植物纖維如棉、麻等，則主要是醣類所組成，若用剛果紅當染料可直接染色，但易因水洗而褪色；若用孔雀石綠當染料，則因不溶於水，不易染色，必需加入單寧酸(tannic acid)當**媒染劑**(mordants)，才能使染料與棉纖維結合，耐久不褪色。

　　除了直接染料與媒染料，另有兩類染料屬於比較特殊的染色方式：

1. **顯色染料**(developed dyes)：是生成染料的化學反應直接作用在纖維上而顯色。例如對紅(para red)染料，是由對基苯胺與鹽酸作用，再與亞硝酸鈉(NaNO₂)作用，形成重氮鹽，然後與 β-萘酚行偶合反應，直接在纖維上生成對紅而染色，反應式如下：

➲ 圖 23-1

2. **甕染料**(vat dyes)：此類染料大多顏色鮮豔性質穩定，但卻不溶於水，無法直接染色，因此以前常先將其在甕中用鹼液還原成水溶性的無色化合物，等附著於纖維上，再將纖維物暴露於空氣中氧化，則回復為染料本身，如此固著性極牢，耐洗又耐光，例如靛藍(indigo)就是此類染料的典型代表。此類染料雖有各種顏色，其中以藍色最為有名，即是民國初年時最常聽到的「陰丹士林藍」(indenthrene)，但這是屬於蒽醌的甕染料，並不是靛藍。

三、藥 品

1. 肥皂水或 3% HCl .... 150 mL

2. 直接染色

   孔雀石綠(malachite green).. 0.1 g

   格勞勃鹽($Na_2SO_4 \cdot 10H_2O$, sodium sulfate) .... 0.5 g

   醋酸(CH_3COOH, acetic acid) .... 0.2 g

3. 媒染劑染色

單寧酸（tannic acid，或叫鞣酸）

4. 顯色染色

對硝酸苯胺($C_6H_4NH_2NO_2$, p-nitroaniline) .... 0.1 g

濃鹽酸(HCl, hydrochloric acid) .... 3 mL

亞硝酸鈉($NaNO_2$, sodium nitrite) .... 0.1 g

β-萘酚(β-naphthol) .... 0.1 g

5%氫氧化鈉(NaOH, sodium hydroxide) .... 5 mL

5. 甕染染色

靛藍(indigo) .... 0.1 g

次硫酸鈉($Na_2S_2O_4$, sodium hydrosulfite) .... 0.1 g

氫氧化鈉(NaOH, sodium hydroxide) .... 2 g

四、器 材

燒杯(250 mL) .... 1 個

　　(150 mL) .... 2 個

　　(50 mL) .... 1 個

攪拌棒或刮勺 .... 2 支

酒精燈等加熱裝置 .... 1 組

試管 .... 2 支

冰浴 .... 1 個

棉、毛、絲等布條(2 cm×5 cm)，白色較佳。

五、實驗步驟

1. 準備工作及注意事項

(1) 染色用水需用軟水,故蒸餾水比自來水合適。

(2) 布料均先置入肥皂水中或 3% HCl 溶液中 10 分鐘,以除去布上的附著物,再用蒸餾水沖洗乾淨,擠出水分後才進行染色。

(3) 染色時易沾到皮膚、衣服、桌面及器皿,故應小心操作,務必穿實驗衣,用攪拌棒或戴可丟棄式塑膠手套。(若沾染在玻璃器皿或手上,可用漂白水及肥皂水除去。)

(4) 若要增加趣味性,可用手帕、毛巾等棉質布料,甚至 T-shirt,以橡皮圈將多處抓起後綁緊,則染色後將其攤開,可形成美麗的創意圖案(當然染料的量要依比例增加才夠浸泡)。

2. 直接染色(direct dyeing)

(1) 取 150 mL 燒杯,將 0.1 g 孔雀石綠溶於 50 mL 水中,再加入 0.5 g 格勞勃鹽及 0.2 g 醋酸當均一劑,加熱至沸騰後,浸入棉、毛絲等布條,加以攪拌。

(2) 10 分鐘後取出,用刮勺或玻棒將多餘液體壓乾,再以水漂洗,懸起晾乾。染料溶液留至下一步驟繼續使用。

(3) 比較各種不同質料的布條,棉布的染色效果有否比較差?

3. 媒染劑染色(mordant dyeing)

(1) 取另一個 150 mL 燒杯,將 0.1 g 單寧酸溶於 50 mL 水中,加熱至沸騰,浸入棉布條。

(2) 10 分鐘後,以刮勺取出布條,儘量壓乾,再將此布條浸入上面直接染色所用的孔雀石綠染料中。10 分鐘後移出、以水漂洗,晾乾。

(3) 與上述染色效果比較,有否改善?

4. 顯色染色(developed dyeing)

(1) 取 50 mL 燒杯,加入 0.1 g 對硝基苯胺與 3 mL 濃鹽酸,再加 10 mL 蒸餾水溶解之,放入冰浴中冷卻至約 5°C。

(2) 取一試管,配製 0.1 g NaNO₂ 與 5 mL 蒸餾水,也放至冰浴中冷卻至約 5°C,緩慢加入(1)中。

(3) 另取一支試管,配製 0.1 g β-萘酚,溶於 5 mL 5% NaOH 中。

(4) 將棉布條浸在(3)中,約 5 分鐘後取出壓乾,再浸入(1)的冰冷溶液中,將可見鮮紅色產生。

(5) 5 分鐘後取出,漂洗、晾乾。

5. 甕染染色(vat dyeing)

(1) 取 250 mL 燒杯,稱 0.1 g 靛藍,溶於 100 mL 水中,加入 0.1 g 次硫酸鈉 (Na₂S₂O₄)與 2 g NaOH。加熱至約 45°C,一邊攪拌使成黃綠色溶液,稱為靛白,同時液面可能有靛藍薄膜生成。

(2) 將棉布條浸入靛白液中,攪拌約 5 分鐘,保持溫度約 40°C。

(3) 取出布條,擠去染料,暴露於空氣中,初取出時為黃綠色,之後逐漸變藍色,15 分鐘後即可沖洗、晾乾。

🔥 生活小常識

1. 直到十九世紀中期以前,所有的染料都是由動、植物和礦物萃取製成的。1856 年,伯京斯在英國倫敦的皇家化學院,從煤焦油製造出一種淡色染料,此後,人工合成染料開始大量被開發及製造出來,其中以偶氮染料及蒽醌染料佔極重要地位。

2. 人工合成染料多具有毒性,而糖果、飲料中的食用色素,除了少量為天然色素,大多數都是分子比較大的芳香族合成化合物,雖然毒性比較小,但並沒有營養價值,只是提供色澤而已,一般使用仍要限制其用量以確保安全。

3. 孔雀石綠為深綠色固體,發金光,溶於水呈綠色,可作生物著色劑及殺菌劑。

4. 染料顏色千變萬化,其實大多不是純的化合物,而是由幾種染料混合而成的,例如寫字在紙上,紙被弄濕時,字就會暈開來。同理,可將食用色素滴在咖啡濾紙或吸墨紙的中央,再將紙的一端略浸入水中,待水因毛細現象逐漸上升後,接觸到色素,即可將其分解成不同的顏色,此即紙層析法。

5. 近代紡織業已多採用人造合成纖維取代天然纖維,多為聚酯、聚醯胺等結構,極性比天然纖維來得弱,上述各種染料無法直接使用,故在合成各種染料時,也在結構

上略作變動，例如將離子性強的–SO₃Na 基改變成極性較弱的取代基，才能與合成纖維的結構相合。這種染料因不易溶於水，故又需配合分散劑及其他添加物一起使用，通稱為**分散染料**(disperse dyes)。

6. 染髮劑：近年來染髮盛行，這些「永久性染劑」主要是屬於顯色染料的反應模式，常使用含「苯環」以及「聯苯胺」結構的化合物，極易刺激皮膚引起過敏，例如 *p*-phenylene diamine（簡稱 PPD），因分子小，會滲入髮幹中繼續進行反應而呈色，因此顏色可以停留較久，故稱「永久性染髮」。

實驗 23

染料與染色

姓名 ＿＿＿＿＿＿＿＿＿＿ 系級班別 ＿＿＿＿＿＿＿＿＿＿

學號 ＿＿＿＿＿＿＿＿＿＿ 實驗日期 ＿＿＿＿＿＿＿＿＿＿

實驗結果

思考方向

1. 黑色物體是將不同波長的可見光全部吸收或全部反射？白色物體呢？以此理由
   說明為什麼夏天常穿白衣，冬天則常穿黑衣？

2. 染色時，為什麼要用軟水？請由染料之結構與附著方式推想，說明之。

3. 為什麼重氮鹽溶液要放置於 0~5°C 的冰浴中？

4. 許多天然物品可製成染料，包括茶葉、松果和紅甘藍等，試想想還有哪些東西可提煉出染料來？或許你可找資料，看看古時候的人所用的染料是從哪些地方取得的？

乳化反應－
清潔霜的製備

一、實驗目的

1. 乳化反應在化妝品方面的應用。

2. 明瞭清潔霜之組成。

3. 清潔霜中各成分在製備過程中的作用。

二、相關知識

　　所謂乳化(emulsion)，是指兩種不互相溶解的液體，其中之一呈微粒狀分散於另一液體中的「膠體溶液」（參閱實驗 9）。因為這種現象是不安定的，為免其又分成兩層液相，常需要藉助乳化劑(emulsifying agent)使其安定下來。乳化劑通常是一種兩性的分子，一端親水(hydrophilic)，一端親油(hydrophobic)，因此可以附在兩液體（又稱兩相）的界面之間。故又稱為界面活性劑(surfactants)。依兩相在溶液中的相對位置，可分為油在水中（oil/water，即 oil-in-water，簡寫為 O/W）型，和水在油中（water/oil，即 water-in-oil，簡寫為 W/O）型兩種形態（圖 24-1）。

　　乳化的形態，主要受到兩相含量的影響。一般將水和油搖動後 O/W 和 W/O 兩種形態皆會發生，但若水比油多時，O/W 的狀態比較穩定，反之，則 W/O 較穩定。此外搖動的方式也可決定乳化形態，間歇式搖動比連續式搖動有效。攪拌則可促進乳化劑與其他兩相的表面吸附機會。溫度也是影響乳化的因素之一，溫度升高時，可減低表面張力及黏度，乳化更容易產生。

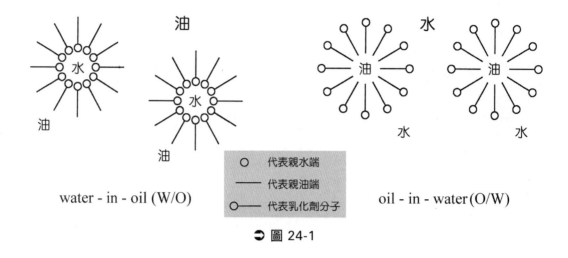

water - in - oil (W/O)

○ 代表親水端
—— 代表親油端
⊶ 代表乳化劑分子

oil - in - water (O/W)

➲ 圖 24-1

　　在日常生活中，有許多成品都是利用乳化現象而製成的。例如食品中的蛋黃醬，化妝品中的乳霜，而肥皂與清潔劑的清潔效果，也是經由乳化現象而達成的。

　　乳化現象在有些時候卻是不受歡迎的。破壞乳化的方式可分為化學性與物理性兩方面，只是通常不易完全達到目的。化學方法中以改變 pH 值及改變或破壞乳化劑的方法較重要，例如將 O/W 乳化劑用於 W/O 乳化溶液中，會破壞原先的乳化狀態。物理方法則包括攪拌過濾、離心、冷凍、加熱（降低黏度），加入一種可共溶於兩相的液體，以及添加可分別溶於兩相中的兩個不同固體等。同樣的，若不想讓乳化物分離，則應避免上述各因素。

　　通常化妝品中乳霜的種類可分為下列幾種：

1. **雪花膏(vanishing cream)**：雪花膏是因塗抹於皮膚後會立即消失(vanish)，在外觀上看不出來而得名。它是一種 O/W 型的乳化產品，由 10~20%的油分散到水相中乳化所構成。除了水與硬脂酸的乳化系，另含多元醇，如甘油、山梨糖醇、丙二醇等成分，具保濕功效。

2. **O/W 型中性乳霜**：大部分的柔膚乳霜(emollient cream)，如營養霜、晚霜等都屬此類。因油相占 30~50%左右，性質界於雪花膏和冷霜之間，故名「中性」。由於油分不高，觸感較清爽，且較易添加油溶性或水溶性的藥劑成分，故使用價值極高。

3. **清潔霜**(cleansing cream)：是冷霜的代表，主要成分有蜜蠟、硬脂酸、礦物油、硼砂和水，屬於 W/O 型乳霜，其中油與水的比例以 2:1 最好。不同的清潔霜，配方成分各異。其基本組成中，除了水以外，另含硬性與軟性的蠟類，以使軟硬適中，容易塗抹，另外則含數種乳化劑成分，以使乳化效果更完全、均勻且持久。此外尚可能添加各種美白、保濕或防老化等的藥效成分。

在本實驗中製造的清潔霜，為冷霜的代表產品，是以硬脂酸和硼酸鈉在油相與水相混合時，使其產生中和反應，形成的硬脂酸鹽，可當成乳化劑，此方法稱為「反應乳化法」或「肥皂乳化法」。除了製備一份完整的清潔霜，在實驗中，我們另外做三種對照組，每組中各減少其中一種成分，藉由成品比較，可清楚地看出各成分所扮演的特殊功效。

三、藥　品

礦物油（mineral oil 或 liquid paraffin）...55 g×3

蜜蠟或石蠟（bee wax 或 paraffin wax，盡量切成小塊較易溶）.............10 g×4

硬脂酸（$C_{17}H_{35}COOH$, stearic acid，十八酸）.................................1.3 g×3

硼酸鈉（$Na_2B_4O_7$, borax, sodium borate，硼砂）...................................0.7 g×3

蒸餾水..33 g×4

香料或香精油（依喜好選用，如香水、玫瑰精油、肉桂油等）.............1~2 mL

市售清潔霜產品（如旁氏冷霜等，可由學生提供不同品牌，以茲比較）

四、器　材

燒杯(250 mL) ....1 個

　　　(100 mL) ....1 個

溫度計（酒精溫度計）...1 支

酒精燈或其他加熱裝置...1 個

水浴裝置（可用 500 mL 燒杯）..1 個

玻璃棒（若有葉片攪拌器效果更好）..1 支

裝清潔霜用的小瓶子..1 個

（可由學生自備家中用過之容器，廢物利用）

鋁箔紙...少許

五、實驗步驟

1. 配製油相溶液

(1) 取 250 mL 燒杯，置入 55 g 礦物油。

(2) 稱取切碎的石蠟或蜜蠟 10 g，以及 1.3 g 硬脂酸，加入上述燒杯中，將燒杯以鋁箔紙蓋好後，置於水浴中加熱。水浴溫度應保持約 70℃，勿過熱，以免油液揮發、分解。且因石蠟及礦物油均易燃，處理時應遠離火源，最好使用加熱板加熱或用水浴鍋更佳。

2. 配製水相溶液

(1) 取 100 mL 燒杯，量取 33 g 蒸餾水，以鋁箔蓋住杯口，加熱至約 70℃。

(2) 稱取 0.7 g 硼酸鈉，加至熱水中，攪拌至溶解。

3. 乳化反應

(1) 將水相溶液緩慢倒入 70℃ 的油液中，並不斷攪拌，攪拌過程不必加熱。若倒太快或沒有攪拌，乳狀液將不均勻，甚至會分層，應繼續攪拌至溶液冷卻且形成平滑、均勻之糊狀物。冷卻過程不要太快，因快速凝成固體，會使成分溶合不均勻。

(2) 若有香料或香精油等，可在攪拌、混合的過程接近冷卻（約 45℃）時加入，以免香料揮發。

(3) 比較自製產品與市售產品之不同。

4. 比較組之成分

仿照上述各步驟與方式，重做三組成品，比較其外觀並以手指沾取少許擦抹於手背上（手背上先塗以口紅），比較其清潔能力。

比較組 A：不加礦物油或不加蜜蠟。

　　　　B：不加硬脂酸。

　　　　C：不加硼酸鈉。

5. 實驗後處理

(1) 產品不可倒入水槽中，因溫度降低，油脂固化後可能阻塞水管。應倒入油性化合物回收桶中。

(2) 玻璃器皿等沾上大量油污，應先用紙擦去，再用清潔劑洗滌，否則不易洗淨。

生活小常識

1. 硼酸鈉，即硼砂，存在於自然界的鹽層中，常加入肥皂中，作為溫和的膜消毒劑及收斂劑。也常使用在雀斑液、指甲漂白劑、清潔劑、眼部乳液中當防腐劑及乳化劑。與皮膚接觸時會有乾燥的效果，而引起刺激，有些人會有過敏現象。持續使用含有硼酸鈉的洗髮精，也會使頭髮變得乾燥易斷裂。故在製作中不宜添加過量。

2. 清潔霜的設計因不會長時間停留於臉上，故使用礦物油，若製作保養用的面霜，則應改用植物油，親膚效果較好。

實驗 24

乳化反應－清潔霜的製備

姓名 _____ 系級班別 _____

學號 _____ 實驗日期 _____

實驗結果

思考方向

1. 本實驗所製得的產品與市售產品有何差異？你想可能原因是什麼？

2. 正常成分與三個比較組的產品，各有何差異？你可由此推論各成分的主要功用嗎？

肥皂與清潔劑

一、實驗目的

1. 酯化反應與皂化反應的反應關係。

2. 瞭解皂化反應製造肥皂的原理。

3. 瞭解肥皂的組成結構及清潔能力－乳化現象的應用。

4. 比較肥皂與一般清潔乳液（非肥皂）的差異。

5. 瞭解清潔劑與環境污染的關聯。

二、相關原理

　　一般所稱的脂肪(lipids)，是指動、植物體內所合成的有機化合物，其主要成分是甘油與長鏈脂肪酸所生成的酯類：

$$
\begin{array}{l}
H_2C-OH \quad H-O-C^{\!/\!/O}-R_1 \\
\quad | \\
HC-OH \; + \; H-O-C^{\!/\!/O}-R_2 \\
\quad | \\
H_2C-OH \quad H-O-C^{\!/\!/O}-R_3
\end{array}
\quad
\begin{array}{c}
\xrightarrow{\;酯化\;} \\
3\,H_2O \\
\xleftarrow{\;水解(H^+)\;}
\end{array}
\quad
\begin{array}{l}
H_2C-O-C^{\!/\!/O}-R_1 \\
\quad | \\
HC-O-C^{\!/\!/O}-R_2 \\
\quad | \\
H_2C-O-C^{\!/\!/O}-R_3
\end{array}
$$

甘油　　3分子的脂肪酸可　　　　　　　　　　　三酸甘油酯
　　　　為相同或不同分子　　　　　　　　　　　（即油脂）

⊃ 圖 25-1　酯化反應

上式中，脂肪酸分子中的 R_1、R_2、R_3 是代表碳的長鏈部分，因體內的脂肪酸是由葡萄糖（六碳醣）轉化而來，故碳數多為偶數，且約在 20 左右，長鏈中若具有雙鍵，稱為不飽和脂肪酸，反之稱為飽和脂肪酸。在植物界中，因大多為不飽和脂肪酸所形成，常溫下呈液體，通稱為油(oil)，而在動物體內，則多為飽和脂肪酸，常溫下呈固態，通稱為脂(fat)，魚油則常為含多個雙鍵的脂肪酸。

油脂若在酸性環境中，或有脂肪酸存在時，即會催化油脂的水解反應，即圖 25-1 的逆向反應，產生游離的脂肪酸，若累積量多，則產生酸敗、變味。若用此種品質較差的油脂當原料，製出的肥皂品質也會受影響而有發臭、發汗之現象。

肥皂的製作是將油脂與鹼性物質（例如 NaOH）共熱，酯鍵斷裂，如同水解，形成甘油與脂肪酸鈉鹽，這些脂肪酸鈉鹽即為肥皂，因此這種反應稱為**皂化反應**(saponification)。

$$
\begin{array}{l}
H_2C-O-\overset{\overset{O}{\|}}{C}-R_1 \\
| \\
HC-O-\overset{\overset{O}{\|}}{C}-R_2 \quad + \quad NaOH_{(aq)} \quad \xrightarrow[\text{反應}]{\text{皂化}} \\
| \\
H_2C-O-\overset{\overset{O}{\|}}{C}-R_3
\end{array}
\quad
\begin{array}{l}
H_2C-HO \\
| \\
HC-HO \quad + \\
| \\
H_2C-HO
\end{array}
\quad
\begin{array}{l}
R_1-\overset{\overset{O}{\|}}{C}-O^-Na^+ \\[4pt]
R_2-\overset{\overset{O}{\|}}{C}-O^-Na^+ \\[4pt]
R_3-\overset{\overset{O}{\|}}{C}-O^-Na^+
\end{array}
$$

三酸甘油酯　　　　　　　　　　　　　　甘油　　　　脂肪酸鈉鹽
（即油脂）　　　　　　　　　　　　　　　　　　（即肥皂）

⊃ 圖 25-2　皂化反應

在皂化反應中，加入醇類的原因，是增加油脂的溶解度，使皂化反應加速完成。皂化反應之後，加入氯化鈉溶液，可因離子的互相吸附，使得肥皂溶解度降低而與甘油及鹽水溶液分開，因密度較低，故浮在溶液上層，此作用稱為**鹽析**。

大部分肥皂乃用廉價的油脂為原料，例如椰子油；較貴之肥皂則用橄欖油製造。肥皂較硬，品質較好。一般而言，所用的油脂不飽和度愈大，所生成的肥皂愈軟。若在製作過程中，加入鉀鹽，則得軟肥皂，加入酒精則得透明狀的蜂蜜肥皂，加入殺菌劑，則成藥皂。通常皂化作用在食品中不易發生，但在製作蛋糕時，卻可能因加入過多的鹼（例如小蘇打粉）而產生皂味，此即因生成了皂化反應之故。

　　肥皂的清潔能力乃來自於肥皂分子本身的乳化能力。因一端是具有親水性的酸根離子，一端為碳酸鏈的親油端，可靠近衣物上的油垢，形成許多**微胞**(micelle)（圖 25-3），油污分裂成很小的懸浮顆粒，亦即油滴包在水中的乳化現象，此時若以水沖洗，即可將此微胞沖去，並將油污帶走。

　　肥皂用來洗滌已有千年歷史，現代則多以合成清潔劑（detergents，也稱非肥皂）所取代，用量龐大，種類繁多。除了因其原料來自於石油產品，量多價廉外，主要因肥皂遇上硬水時，易與其中的鈣、鎂等離子結合而形成硬脂酸鎂或硬脂酸鈣的浮渣，因而不易溶解起泡，不但失去清潔能力，反而會污染已洗淨的衣物。

　　合成清潔劑的結構與肥皂很類似，也具有親油與親水兩端，但親水端為硫酸根離子，$-SO_3^-$，而不是羧酸根離子，$-COO^-$，因此不會受硬水影響，例如 ABS（alkyl benzene sulfonate，圖 25-4）即是常見且用途極廣的合成清潔劑主要成分。

　　市面上的各種清潔劑所含的成分中，除了進行乳化作用的界面活性劑(surfactant)，例如 ABS 之外，尚添加有漂白劑、亮光劑（螢光劑）等化學藥品。至於生物清潔劑，則含有酵素(enzyme)，可將蛋白質污點（例如血液等）分解，但因酵素在熱水中會被破壞，故只能用冷水洗滌。

代表 $R-\overset{\overset{O}{\|}}{C}-O^-$

⊃ 圖 25-3　微胞

⊃ 圖 25-4　ABS

三、藥 品

每組自備市售肥皂 1~2 種

每組自備市售清潔劑 1~2 種（液狀或固體狀的洗衣、洗碗等清潔劑皆可）

白胡椒粉 .... 少許

5% $CaCl_2$ 或 5% $MgCl_2$ 或 5% $FeCl_3$ 水溶液 .... 1 mL

酚酞溶液：1 g 酚酞溶於 50 mL 95%酒精及 50 mL 蒸餾水中。

4M 硝酸溶液(HNO$_3$, nitric acid) 1M

lM 鉬酸銨[(NH$_4$)$_2$MoO$_4$, ammonium molybdate] .... 2 mL

四、器 材

攪拌棒 .... 1 支

加熱裝置 .... 1 套

試管 .... 4 支

pH 試紙

紫外光燈(UV Light)

布料數片

布丁杯或其他廢物利用之容器作為盛裝肥皂的模型

五、實驗步驟

肥皂與合成清潔劑的比較

　　以下各項測試所用肥皂及清潔劑樣品應先溶解或稀釋，濃度約為 0.5 g 樣品溶於 50 mL 蒸餾水中。

1. 水的表面張力：取 3 支試管，各裝入 5 mL 蒸餾水、肥皂水及清潔液。在各試管水面上輕輕灑上白胡椒粉末，觀察粉末浮沉的情形。

2. 酸鹼性：上述試管中各滴入 2 滴酚酞試劑，判別酸鹼性。

3. 乳化力測試：取 3 支潔淨試管，各裝入 5 mL 蒸餾水、肥皂水及清潔液。在各試管中分別滴入約 0.5 mL 的植物油，塞住試管口搖盪之，然後觀察各試管之乳化現象，比較清潔力的不同。

4. 硬水測試：取 4 支潔淨試管，各裝入 5 mL 蒸餾水。其中兩支內滴入 5 滴 5% $CaCl_2$（或 5% $MgCl_2$，或 5% $FeCl_3$）水溶液，使成硬水。將肥皂水加入其中一支蒸餾水與一支硬水試管中，充分搖盪後靜置數分鐘，觀察是否生成浮渣、泡沫？溶液是澄清、混濁？清潔劑樣品則滴入另兩支試管中，重複步驟，比較結果。

5. 含磷測試：取 3 支潔淨試管，各裝入 5 mL 蒸餾水、肥皂水及清潔液。各試管中皆加入 4 滴 4M HNO_3 及 1M 鉬酸銨 2 mL，在水浴中加熱，觀察是否有黃色沉澱生成。

6. 螢光測試：可取數片布料，分別用肥皂及不同的清潔劑洗滌，並用紫外光照射觀察結果。

實驗 25

肥皂與清潔劑

姓名 _____   系級班別 _____

學號 _____   實驗日期 _____

實驗結果

思考方向

1. 酯化反應與皂化反應的關係是如何呢？

2. 肥皂水中若加入酸性溶液，會有何現象發生？請以肥皂的化學式討論之。

3. 比較各市售肥皂及清潔劑的酸鹼值後，你想何者較適用？為什麼？

4. 廚房用的清潔劑，廣告中說只要輕輕一噴，稍待片刻即可以用抹布沾水拭去，你想主要成分可能是什麼？

5. 合成清潔劑雖已大量取代肥皂用在各種洗滌上，但卻有環境污染的問題，請收集資料研討之。若全部恢復使用肥皂，是否可行？

6. 近年流行手工皂的製作，主要是利用植物油對皮膚的滋潤效果，因而製造出來的皂基比一般市售的皂基滋潤效果佳。請推論兩種皂基的差別？

7. 油炸後的回鍋油，對健康不利，丟棄又會污染環境，若拿來做肥皂是否可行？可能有何缺點？如何改進？

蛋白質的變性及檢驗

一、實驗目的

1. 瞭解蛋白質變性的各因素。

2. 應用簡便的定性分析技術,探討蛋白質的成分。

3. 檢驗蛋白質的存在。

4. 瞭解「毒奶粉」事件的內容。

二、相關知識

　　蛋白質的種類很多,構造複雜,性質也各不相同。我們由食物中攝取蛋白質,蛋白質分解後,轉化成可構成人體之肌肉纖維、皮膚、頭髮及指甲等的各種不同蛋白質。就連在體內進行的化學反應所需要的催化劑－酵素,也是蛋白質的一種。

　　一般天然的蛋白質易受光、熱、酸、鹼及其他化學藥物的作用而變質,稱為蛋白質的變性。蛋白質變性是結構改變,且蛋白質變性後幾乎都會失去它的生物活性,通常不可逆轉,且有時會造成生物毒性。例如蛋白中的蛋白質遇熱會凝固,若與硝酸共熱呈黃色,若加入氨水或氫氧化鈉使呈鹼性,則變橙色等。人體受嚴重之燒傷及燙傷時,因高溫使皮膚中之蛋白質凝結而壞死;強酸濺到皮膚也會將它燒傷,如果吃下在交通繁忙之道路附近種植的蔬菜,汽車廢氣中的鉛化物會被吸入體內,鉛化物會破壞體內蛋白質,傷害健康,甚至造成死亡。

　　蛋白質為各種胺基酸所構成。胺基酸一般含碳、氫、氧及氮四種元素,少數胺基酸尚含硫、磷及其他元素,可用元素分析方法檢測出來。

　　檢驗蛋白質的存在，常用呈色方法較為簡易。而能呈色乃由於含有某些特殊的胺基酸成分，或者分子中的鍵結不同所致。常見的方法如下：

1. **雙脲試驗**（biuret test，又稱二縮脲試驗）：此為蛋白質最普遍的試驗法。如果某化合物具有二縮脲結構，則將其鹼性溶液用稀硫酸銅溶液處理時，將成紫紅色（圖 26-1）。

雙脲 (biuret)　　　　　　　　　　　　　　　　　　　　紫色錯離子

⊃ **圖 26-1　雙脲試驗**

2. **薑黃蛋白試驗**（xanthoprotic test，又稱黃酸蛋白檢驗法）：若蛋白質內含有芳香環（如酪胺酸(tyrosine)），則當它與濃硝酸共熱時會產生黃色，若遇到鹼時顏色更深，即為薑黃蛋白試驗（圖 26-2）。平常實驗時，若不小心，皮膚接觸到硝酸會變黃色，即是此反應。

$$R - \bigcirc + HNO_3 \longrightarrow R - \bigcirc^{NO_3} + H_2O$$
黃色

$$\downarrow NaOH$$

$$R - \bigcirc^{NH_3^+}$$
橙色

⊃ **圖 26-2　薑黃蛋白試驗**

3. **茚三酮試驗**(triketohydrindene test)，或稱寧海準試驗(ninhydrin test)：此為對具有 α-氨基及羧基之胺基酸及蛋白質的特殊呈色反應。

$$
\text{Ninhydrin（氧化態）} + R-\underset{\underset{H}{|}}{\overset{\overset{NH_2}{|}}{C}}-COOH \longrightarrow \text{Hydrindantin（還原態 Ninhydrin）} + RCHO + CO_2 + NH_3
$$

$$
\text{Hydrindantin} + NH_3 + \text{Ninhydrin} \longrightarrow \text{紅紫色複合物} + 3H_2O
$$

⊃ 圖 26-3　茚三酮試驗

三、藥 品

1. 生蛋蛋白一個，熟蛋蛋白一個

2. 10% NaOH、氨水、鹽酸、硫酸、硝酸及醋酸溶液
   （酸鹼各二種即可，濃度可配約 1M）

3. 甲醇、乙醇

4. 10%重金屬鹽溶液（以下任選兩種即可，以庫存且毒性小者為主）：
   醋酸鉛、硫酸銅、氯化鐵

5. 濃鹽酸

6. 濃硝酸

7. Ninhydrin 試劑：0.2 g ninhydrin 溶入 100 mL 95%酒精中。

四、器 材

錐形瓶(250 mL) .... 1 個

試管 .... 10 支

試管架... 1 個

錶玻璃... 1 個

廣用試紙 .... 若干

燒杯(250 mL) .... 1 個

五、實驗步驟

1. 配製蛋白溶液

　　將一個蛋的蛋白，加入裝有 100 mL 蒸餾水的 250 mL 錐形瓶中，加蓋後搖盪或攪拌，使蛋白完全溶解即成。

2. 蛋白質的變性

(1) 受高溫而固化：

　　試管中放入 5 mL 蛋白溶液，緩慢加熱，溶液中有黏稠物生成，最後蛋白會凝結（固化）在一起，這與煮蛋的步驟一樣，觀察並記錄之。

(2) 與酸及鹼反應：

　　取四支試管，各放入 5 mL 蛋白溶液，分別加入 2 mL 氫氧化鈉溶液、稀鹽酸、稀硫酸及稀醋酸於蛋白溶液內，觀察並記錄蛋白的凝結情形。

(3) 與有機溶劑反應：

　　取二支試管，各放入 3 mL 蛋白溶液，加入數滴甲醇及乙醇，觀察並記錄蛋白的凝結。

(4) 與重金屬鹽反應：

　　取二支試管，各放入 3 mL 蛋白溶液，加入 2 mL 重金屬鹽的溶液，觀察並記錄蛋白的凝結。

3. **組成蛋白質的元素**

   (1) 試管中放些已煮硬之碎蛋白，溫和加熱，可看到試管壁有水凝聚，這表示蛋白質中一定含氫及氧。

   (2) 再繼續加熱可聞到頭髮之焦味，將另一試管倒置於此試管口，以便收集所產生的氣體。

   (3) 以濕的廣用試紙試其產生的氣體為鹼性，且在此試管中加入濃鹽酸會產生白煙，表示含氨。如果氣體中含氨則蛋白質必定含氮。

   (4) 最後施以強熱於試管，則蛋白質變黑，殘留物是碳。

4. **蛋白質的檢驗**

   (1) 雙脲試驗：

   試管中放 3 mL 蛋白溶液，加入 3 mL 10%氫氧化鈉溶液使呈鹼性後，加入 3 滴 2%硫酸銅溶液，觀察顏色變化。

   (2) 薑黃蛋白試驗：

   取 3 mL 蛋白溶液，加入 10~15 滴濃硝酸，慢慢加熱，觀察記錄顏色變化；冷卻後，以 10%氫氧化鈉溶液中和之，再觀察記錄任何顏色變化。

   (3) 固態或不溶性蛋白質用濃硝酸試驗：（此項原理同上試驗）

   錶玻璃上放些熟蛋白，滴入數滴濃硝酸，蛋白表面應呈現黃色。

   (4) 寧海準試驗：

   取 2 mL 蛋白溶液放入試管中，加入約 1 mL 的寧海準試劑混勻，於沸水浴中 1~2 分鐘，觀察顏色變化。

5. **廢棄物處理**

   重金屬鹽的溶液應集中於重金屬廢液回收桶內，不可倒入水槽。

生活小常識

1. 蛋白與牛奶等常用於微量重金屬中毒時的解毒劑，即是因蛋白質會與重金屬形成沉澱而將其排除。

2. 購買蠶絲被時，如何判別是否被不肖商人以人造絲魚目混珠？蠶絲的成分是蛋白質，而人造絲是用棉花或紙漿等的纖維素，經過化學處理所製得的絲狀纖維，因此它們在本質上是完全不同的。蠶絲裡有蛋白質，燃燒時有臭味；能溶於煮沸的濃燒鹼（即氫氧化鈉）溶液；在稀硝酸溶液裡煮沸變成黃色。而人造絲燃燒不會產生臭味；不溶於煮沸的濃燒鹼（即氫氧化鈉）溶液中；在稀硝酸溶液裡煮沸也不會變成黃色。因此用打火機試之，即可以很容易地將其區分出來。

3. 豆漿的主要成分是蛋白質、脂肪和少量無機鹽及維生素，甜豆漿乃豆漿加糖，蛋白質仍以微粒狀的膠狀溶液存於溶液中。但若加入鹽而成為鹹豆漿時，鹽是一種電解質，解離成帶正電的鈉離子和帶負電的氯離子，因而會中和蛋白質分子的電荷，而使蛋白質沉澱析出。所以鹹豆漿有白色的塊狀物。

4. 毒奶粉事件：由於蛋白質、多胜肽以外，還有一些含有一級胺的結構都能與寧海準試劑呈陽性反應，且反應靈敏，常用於定量蛋白質。不肖廠商為了魚目混珠，乃以三聚氰胺（無味的白色粉末，且具有 3 份的一級胺結構）加入奶粉中，可以逃過檢驗且增加奶粉的蛋白質含量。但三聚氰胺是製造「美耐皿」碗盤或「美耐板」的工業原料，不被人體消化，且會造成腎結石或洗腎的毒害效果。

蛋白質的變性及檢驗

姓名 _____ 系級班別 _____

學號 _____ 實驗日期 _____

實驗結果

思考方向

1. 試查資料找出生物體中常見的 20 多種胺基酸，有哪幾種可和硝酸反應而呈黃色？試寫出其名稱及結構式。

2. 蛋白質分子中的胺基酸是以什麼方式連接的？試以胺基乙酸 (glycine, NH_2CH_2COOH)為例寫出其結構式。

3. 為何凝結後之蛋白質會失去正常的功能？

4. 人類食用肉類食物（即動物之肌肉）後，在體內是怎樣消化且轉化成人體肌肉的？

葉脈書籤的製作

一、實驗目的

1. 體驗科學製品的樂趣，同時還可以觀察葉脈的組織。

2. 認識強鹼的腐蝕能力。

二、相關知識

　　市面上偶爾會看到美麗的葉脈書籤在販售，其實我們也可以自己製作。利用強鹼來腐蝕葉肉，只需數分鐘即可將其刷去，而只留下天然美麗的網狀葉脈。在此實驗中，我們會發現軟硬適中的葉片採集，以及輕重合宜的刷葉技巧及耐心，將是成功與否的關鍵。

三、藥 品

1. 葉片由學生自行採集

　　由於 NaOH 的侵蝕力強，所以選擇葉片時應挑選較成熟、葉脈較明顯的葉片，最好採集梧桐類，如桂花樹葉、榕樹、楓樹，以及玉蘭、菩提、楓、橘等完整且成熟的葉片來製作，以避免葉脈同時被腐蝕。一般而言，葉片大而軟、太乾硬，還有針葉等皆不合適。

2. 氫氧化鈉(NaOH, sodium hydroxide) .... 10 g

3. 自來水或蒸餾水 .... 250 mL

4. 漂白水

5. 水彩或廣告原料，或高錳酸鉀溶液、碘液、甲基橙、甲基藍等指示劑溶液皆可用來染色。

四、器 材

1. 使用過的舊牙刷 .... 數支

2. 燒杯(500 mL) .... 1 個

3. 玻璃攪拌棒 .... 1 支

4. 鑷子 .... 1 支

五、實驗步驟

1. 加 10 g NaOH 於 250 mL 水中，攪拌均勻至完全溶解。
   ※注意：會有放熱現象！

2. 放入葉片並加熱煮沸約 10~20 分鐘，視葉片之厚薄而定。

3. 用鑷子將葉片夾出，並先在清水中略為漂洗去除鹼液，平整放置於白紙或玻璃片上，即可用牙刷小心地刷去葉肉，直到只剩網狀葉脈。若仍不易刷除葉肉，可再放回燒杯中續煮。（此步驟需技巧與耐心，稍加練習即會有心得！）

4. 將葉脈放入漂白水中，然後再置入色料溶液中上色。也可等葉脈乾後直接以彩筆輕輕刷上略加水稀釋過的廣告顏料，不必漂白。或者可保持原色不必漂白或染色。

5. 乾燥後的葉片可貼在紙上，並寫上文句，即成為美觀實用的自製卡片，若加以護貝，並打洞綁上絲帶則效果更好，將更美觀且耐久。

生活小常識

　　若想在家中做此實驗，除了使用 NaOH 溶液之外，還可用其他藥品腐蝕葉片嗎？
（尚可用 5％氫氧化鉀藥水，不必加熱煮，只要將葉片浸在藥水約一週後，葉肉自然
就會脫落。或可用水加洗衣粉煮熱，再拿出葉子刷去葉肉，因為有洗衣粉的關係，在
刷去葉肉時，有潤滑作用，較好除去。）

實驗 27

葉脈書籤的製作

姓名 _____   系級班別 _____

學號 _____   實驗日期 _____

實驗結果

思考方向

1. 請計算一下，我們用來浸泡葉片的 NaOH 溶液（10 g 溶於 250 mL 水中），濃度是多少體積莫耳濃度(M)？

2. 用過的 NaOH 溶液可以直接倒入水槽嗎？應如何處理較妥善？

3. 動動腦，想一想，在日常生活中，有哪些用品就是利用強鹼的腐蝕能力來達到
工作效果的？（廚廁清潔劑…等）

實驗 28

防腐劑

一、實驗目的

1. 認識防腐劑的功效。
2. 認識日常生活中常用來當防腐劑的化合物。

二、相關知識

在保存食物的方法中，常添加一些防腐劑(preservatives)，這些物質屬於人工添加物的一種，如亞硝酸鹽、苯甲酸鈉、二氧化硫、己二烯酸等。各種不同的防腐劑有其各別的功效及規定使用的食物。例如苯甲酸對黴菌及酵母菌的效果較好，並被規定用於醬油中；亞硝酸鹽因另具保色功效，主要用於肉製品，針對肉毒桿菌的生長，例如香腸、臘肉及培根(bacon)都是。果凍及果醬中，則常添加己二烯酸以抑制黴菌生長。

本實驗中即利用甲醛、苯甲酸鈉、檸檬酸、維生素 C 及亞硫酸氫鈉來對若干食品加以防腐，並作觀察與比較。

三、藥 品

1. 牛奶 .... 100 mL
   4%甲醛液(HCHO, formaldehyde) .... 0.2 mL
   濃鹽酸(HCl, hydrochloric acid) .... 10 mL

2. 葡萄汁(grape juice).. 100 mL

　　1%苯甲酸鈉（C_6H_5COONa, sodium benzoate，安息酸鈉）0.2 mL

3. 蘋果 .... 1 個

　　0.1M 檸檬酸(citric acid) .... 50 mL

　　0.1M 維生素 C (vitamin C) .... 50 mL

　　0.1M 亞硫酸氫鈉(NaHSO₃, sodium bisulfite)..................... 50 mL

　　0.1M 鹽水(NaCl, sodium chloride) .... 50 mL

　　蒸餾水 .... 50 mL

四、器 材

燒杯(250 mL) .... 5 個（可由全班共用）

含蓋廣口瓶 .... 4 個

（或由學生自備家中使用後之有蓋玻璃瓶，如果醬瓶、藥瓶等，大小約 100 mL 為宜）

試管 .... 4 支

沸水浴.. 1 套

玻棒 .... 1 支

小刀 .... 1 把

鑷子 .... 1 支

五、實驗步驟

1. 牛奶防腐

(1) 取兩個小廣口瓶（容量約 100 mL）用熱水洗淨，各倒入約半瓶鮮奶。其中一瓶加入 2 滴 4%甲醛液當防腐劑，另一瓶則不加。

(2) 由上面兩廣口瓶中各取 5 mL 牛奶液，分別置於兩試管中。各加入 5 mL 濃鹽酸，攪拌均勻，置沸水浴中，注意並記錄任何顏色或狀態之變化。

(3) 將兩廣口瓶加蓋後，置於室溫下，兩天後檢查，哪一瓶先變酸。

2. 葡萄汁防腐

(1) 取兩個小廣口瓶（容量約 100 mL）用熱水洗淨，各倒入約半瓶葡萄汁。其中一瓶加入 1%苯甲酸鈉 0.2 mL 當防腐劑，另一瓶則不加。

(2) 將兩廣口瓶加蓋後，置於室溫下，兩天後檢查，哪一瓶先變酸。

3. 蘋果防止褪色

(1) 取一個蘋果，切出五等分，各置於

    (a) 100 mL 0.1M 檸檬酸

    (b) 100 mL 0.1M 維生素 C

    (c) 100 mL 0.1M $NaHSO_3$ 溶液

    (d) 100 mL 0.1M 鹽水

    (e) 100 mL 蒸餾水

(2) 每樣只需浸入約一分鐘即可。取出後將各蘋果片置於桌面上，半小時後，觀察並記錄其顏色變化。

(3) 最好可留到下次實驗再觀察。

生活小常識

1. 某些水果像是蘋果、香蕉和梨子，會比其他水果如橘子、西瓜等更容易變褐色，這是因為它們含一種特殊的酵素－多酚氧化酶(polyphenol oxidase)的緣故。若要預防酵素性褐變的產生，可有數種方法：(1)加熱以抑制酵素；(2)以酸抑制酵素活性；(3)隔絕氧氣；(4)添加維生素 C，以使產生褐色的醌類化合物還原成多元酚；(5)添加 $NaHSO_3$ 也有抑制酵素及還原醌類的作用。因此一般家庭中常用幾種方法以減少切開後的蘋果變色，例如：放入爐中烘烤，放入冰箱冰藏、以鋁箔紙包裹、泡鹽水或滴上酸性的檸檬汁、柳橙汁等水果汁。

2. 醃漬食品常因其酸性而防腐，因此食醋常用於醋漬產品如小黃瓜、番茄及魚貝類。而蜜餞則是糖漬法的典型產品。醃菜類則因加入多量的鹽引起脫水，並防止各種腐敗菌的繁殖。燻煙法則因木材等不完全燃燒所生成的煙霧中含有許多有機酸、醇、酮、醛、酚等有機化合物，不僅添加風味，且有防腐、抗氧化之效果。這些都是人類經長久經驗累積而得的天然防腐方法。

實驗 28

防腐劑

姓名 _____　系級班別 _____

學號 _____　實驗日期 _____

實驗結果

思考方向

1. 牛奶加鹽酸後有何變化？
   加甲醛溶液與不加甲醛溶液的試管有何差別？

2. 苯甲酸鈉是極常見的防腐劑，你是否在其他產品的成分表中看見過？試列舉幾
   項產品之品牌及名稱。

3. 日常生活中，你是否還知道有哪些化合物常被添加當成防腐劑使用？例如泡麵、糖果、餅乾、化妝品及保養品中？

芳香療法 – 香精油的調配與應用

一、實驗目的

1. 對香精油的概括認識與調配技巧。

2. 認識芳香療法的應用範疇。

二、相關知識

　　芳香療法(Aromatherapy)是一種應用植物精油(essential oil)的藝術與科學。遠古時代人類早已開始運用植物的醫療功效，中外皆然，甚至在日常生活中及宗教禮儀上也常應用植物香氣。早在十三世紀之前，人類已能改良蒸餾技術，由植物的花、葉、莖萃取出品質純正的精油。

　　芳香植物目前以應用在香水、食品工業為主，這些植物多以大量栽植方式生長，常使用除草劑、殺蟲劑及化學肥料；若應用在芳香理療中，則以天然生長或有機栽培較合適，因為化學物質被植物吸收後會在萃取過程中釋放出來。此外，不同的土質、氣候、地理和季節也會造成精油的差異性，造成醫療效果與價格的不同。

　　植物精油的化學成分相當複雜，有些包含近百種不同的天然化合物，且其量各不相同，因此每種精油各自具有其圓融和諧的獨特性質與氣味。用紅外光譜儀(IR)的技術可做為品管檢驗上快速認證的方法，因為每一種精油都有其與眾不同的紅外線光譜，如同人類指紋般具有代表性。

　　基本上，精油的成分都是 C、H、O 組成的有機化合物，主要可分為兩大類：(1)萜烯(terpenes)：為一種不飽和烴化合物，分子式為 $C_{10}H_{16}$；(2)含氧化合物：酯

類(esters)、醛類(aldehydes)、酮類(ketones)、醇類(alcohols)、酚類(phenols)和氧化物(oxides)，有時也有酸類(acids)、內酯類(lactones)或硫和氮的化合物。萜烯類如檸檬烯是柑橘類精油的重要成分，有抗病毒的功效。酯類是果香味的主要來源。醇類可抗菌、防腐並振奮精神；酚類亦是。醛可抗菌、防腐；酮類則適用於上呼吸道病症等。可見化學成分與各精油的療效是息息相關的。

　　中草藥中常用整株的植物，安全上較無顧慮，但經提煉後的濃純精油則天然化學成分極高，除非經處方，不應口服。而且部分精油具強烈特性，如催經、光毒性或引起過敏，若未經稀釋而直接塗抹於皮膚上，長期下來也恐有危險毒性。1973年，瑞士日內瓦成立國際香料協會(International Fragrance Association, IFRA)，是一個對香料成分提出建議量與安全的指導機構，故只要用量不超出建議量，基本上都是安全的。

　　精油一般不易溶於水，而易溶於油。居家使用的精油乃以油類稀釋之，稱為按摩油(massage oil)，比例約為 1.5~3%；嬰兒、孩童、老年人及孕婦或敏感肌膚者，則需降低濃度至 0.5~1.5%。稀釋用的媒介油(carrier oils)或稱基礎油(fixed oils)，因所佔比例極高，其品質選取也很重要，一般而言，植物油比礦物油好，常用葵花油、甜杏仁油、玉米油、小麥胚芽油、鱷梨油與夏威夷豆油等，不但容易被皮膚吸收，且能潤澤肌膚。若將植物油乳化成白色乳液而當媒介，更具有乾爽不油膩的好處，稱為「按摩乳液」(massage lotion 或 cream)。

　　精油的居家應用，可有如下幾種方法：

1. 鼻聞：將純精油滴於棉花或面紙上或熱水中，再吸入。常用於呼吸系統之毛病。

2. 泡澡：將純精油滴於熱水浴（約 37~40°C ）中。消除疲勞、促進循環常用。

3. 含漱法：將精油滴於盛半滿溫開水的玻璃杯中，再漱口。喉嚨發炎常用。

4. 塗抹法：調成按摩油塗抹患處。用於皮膚保養、治療。

5. 敷貼法：滴入熱水中，再泡入紗布，擰乾後敷貼。常用於肌肉痠痛及改善皮膚。

6. 按摩法：以按摩油按摩使用，使用最廣，療效顯著。可鬆弛肌肉，促進血液循環，調理老化肌膚。

7. 薰香法：薰香台上先盛 1/2 至 2/3 滿的水，再滴入 8~10 滴純精油或調配精油，再加熱之。可平緩緊張情緒，鬆弛神經，淨化室內空氣。

三、藥 品

1. 媒介油：（建議選用冷壓的植物油）

   小麥胚芽油(wheat germ oil)

   鱷梨油(avocado oil)或葡萄籽油(grape seed oil)

   夏威夷豆油(macadamia nut oil)

2. 精油：

   薄荷(peppermint)

   薰衣草(lavender)

   尤加利(eucalyptus)

   羅勒(basil)

   茶樹(tea tree)

四、器 材

電子稱（至少精確至小數一位）... 1 台

量筒(50 mL) .... 1 個

深色玻璃瓶容器（約 10 mL）.. 1 個

拋棄式塑膠吸管.. 數支

五、實驗步驟

1. 準備工作及注意事項

(1) 各項精油應於事先分裝，以免因與空氣接觸頻繁而氧化迅速。藥瓶以附帶滴頭者為佳，否則建議用塑膠製可丟棄式滴管，因不易清洗。另外用鋁箔紙做成長管狀，黏於各精油瓶側，以便插放滴管，以免在取用時各滴管混淆。

(2) 混合後的精油易氧化、變味，故瓶上應標示調配日期，且最好一次只配 10 mL，並要用乾淨、有蓋的深色玻璃瓶盛裝。

(3) 精油的用量少，且易黏附於量器上而浪費，故一般多用體積換算：1 mL 相當於 20 滴。

2. 媒介植物油（基礎油）的調配

雖然任何一種植物油都可單一使用或混用當基礎油，但在此我們建議以 **5~10%** 小麥胚芽油當抗氧化劑使產品持久，並用等量鱷梨油或葡萄籽油使容易滲透進入皮膚。

(1) 以拋棄式塑膠吸管取 1 mL 小麥胚芽油，加 1 mL 鱷梨油或葡萄籽油，再加入 8 mL 個人喜好的植物油，配成 10 mL 基礎油。

(2) 若份數增加，可依比例調整用量。

3. 鼻塞鼻病用按摩油的調配(2%)

在 10 mL 裝滿植物油的玻璃瓶中，各加入 1 滴薄荷、1 滴薰衣草、1 滴尤加利、1 滴羅勒精油。

4. 蟲叮消腫按摩油(2%)

在 10 mL 裝滿植物油的玻璃瓶中，各加入 1 滴尤加利、1 滴薄荷、2 滴茶樹精油。

生活小常識

1. 每週使用天然植物精油配方的深層護理霜敷臉 1~2 次，不但可清除毛孔污垢，還可去除老化角質，更新皮膚細胞。

   建議配方：

   (1) 中性～油性皮膚：

檸檬油	2 滴
佛手柑油	2 滴
橙葉油	2 滴
優酪乳(yogurt)	3 茶匙

   (2) 乾性皮膚：

檀香木油	2 滴
薰衣草油	2 滴
橙花油	2 滴
蜂蜜	3 茶匙

2. 未添加香料的洗髮精中，加入薰衣草是很好的頭髮滋潤劑，加入佛手柑油、茶樹精油則可去頭皮屑。

3. 一桶擦地板的清水中，滴入 6 滴茶樹精油、3 滴橙葉油或杉木油，有殺菌且增加芳香的功用。

4. 近日腸病毒肆虐，許多人皆奉行以肥皂洗手之衛生習慣，但出門在外，則可能不方便，因此化妝品業者利用植物精油配方，製成「殺菌乾洗手液」，內含茶樹，月桂葉及葡萄柚、檸檬草、百里香等，據指出殺菌力比一般化學洗劑高，且「乾洗」過的手拿食物吃仍沒問題。

實驗 29

芳香療法－香精油的調配與應用

姓名 _____   系級班別 _____
學號 _____   實驗日期 _____

實驗結果

思考方向

1. 試用體積換算法（1 mL 相當於 20 滴），計算各配方的精油含量百分比，是否合乎精油含量小於 3%的用量？

2. 請查閱精油辭典，寫出實驗中各配方所用精油的個別療效為何。你是否也可自己組合一些配方？

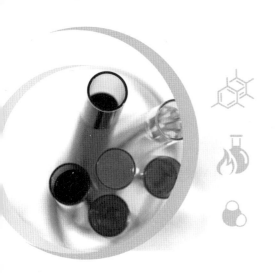

藥膏的製備

一、實驗目的

1. 由面速力達母的調製過程，瞭解軟膏型藥物及化妝品的基本組成及製備方式。

2. 認識精油及其藥效。

3. 對軟膏型基劑的認識，提供混合及調配藥劑上的初步概念。

二、相關知識

　　面速力達母乃一般人耳熟能詳之家庭必備用藥，諸如蚊蟲叮咬、頭痛脹氣、切傷、火傷等，皆有其療效，是屬於軟膏型製劑。所謂軟膏劑是指以軟膏型基劑為主，加入一種或數種藥品，經研合均勻所製成之一種半固體外用製劑，以方便塗抹於皮膚上。通常在遇到體溫時會軟化，但熔點比體溫稍高，有的在皮膚之溫度即可溶解，再經由皮膚吸收而達成療效。

　　軟膏基劑是組成軟膏型藥品或保養品的基本物質，常由一種或多種動、植物之油脂調配而成，常見的基劑若依其組成及功用之不同，可分類如下：

1. **油脂性基劑**：不含水、不易吸水，也不溶於水，故不易用水洗去，本實驗中之面速力達母乃屬此類。

2. **吸收性基劑**：同上面油脂性基劑，唯含親水基，易吸收水分，不溶於水，不易用水洗去。

3. **水溶性基劑**：不含水、會吸水，且不溶於水之不油膩型基劑。

4. **乳化型基劑**：此類型基劑較不同於上面三者，乃因基劑組成中同時含有油相與水相的物質，故為使其成為均勻的膏劑不分層，一般常常加入乳化劑，並加以攪拌使其乳化成形。通常可再細分為 W/O（水在油中）及 O/W（油在水中，水為主成分）兩型。在食品中的蛋黃醬、化妝品中的冷霜及各類保養霜等，皆是經由乳化作用而製成（參閱實驗 24，乳化反應－清潔霜的製備）。

製備藥膏的配方，可依個人喜好略作變動，但其藥效的精油方面則應先查藥典，勿用過量，以免刺激性太強。

凡士林乃屬於石蠟油之一種，其潤滑之功效，因純度較易控制，且易與其他藥品溶合，不起化學作用，安定性較佳，故用途極廣。但因吸水性及滲透性較差，所做成的軟膏不易透入皮膚，藥效較差。若加入 5~15%無水羊毛脂，可使吸水性增加，達 50%以上，而提高滲透性。此外，凡士林太軟，不易塗抹，故加入白蠟、蜜蠟、鯨蠟等類當固化劑，可調節產品的軟硬度。而且蜜蠟、鯨蠟等乃屬於混合成分的天然蠟，含有與人類皮脂相似的成分，對皮膚具有滋潤保護功能，故也常被視為護膚成分之一。

三、藥 品

1. 基劑成分

   凡士林(vaseline) .... 25 g

   蜜蠟(bee wax) .... 5 g

2. 藥效成分

   薄荷腦($C_{10}H_2O$, menthol) .... 1.2 g

   薄荷油(menthol oil) .... 0.8 g

   樟腦($C_{10}H_{16}O$, camphor) .... 2 g

   冬青油($CH_3COOH_6H_4OH$, winter-green oil, methyl salicylate) 0.5 g

   龍腦($C_{10}H_{17}OH$, borneol) .... 0.5 g

四、器 材

燒杯(100 mL, 250 mL)... 各 1 個

酒精燈或加熱裝置 .... 1 個

水浴 .... 1 組

攪拌棒... 1 支

學生自備裝藥品的容器（容量約 20 mL）.............................. 2 個

五、實驗步驟

1. 先將所有精油成分混合均勻，置入 100 mL 燒杯中。

2. 將基劑成分中，熔點較低的先置入 250 mL 燒杯中，在水浴中逐漸加溫溶解（勿超過 70°C）。依序為：蜜蠟、凡士林，攪拌均勻。

3. 將基劑移出水浴，等溫度稍低時（約 45℃），將精油混合液加入，並攪拌均勻。

4. 倒入自備容器中，待冷卻後凝固即成。

5. 實驗完後，燒杯中的殘餘油脂，應先用衛生紙等擦去，再用清潔劑清洗之。
   ※注意：殘餘油脂不可加熱成液體後倒入水槽，因蠟類凝固後會堵塞水管。

🔥 **生活小常識**

> 　　薄荷油及薄荷腦，具有清涼及止痛作用，但會使皮膚微血管收縮而可能造成皮膚發紅，故不要加太多。

實驗 30

藥膏的製備

姓名 _____ 系級班別 _____
學號 _____ 實驗日期 _____

實驗結果

思考方向

1. 請在實驗前查閱藥典、化學辭典、化妝品辭典等資料，以瞭解各基劑及精油成分各具有什麼特性及功用？才能在配方上依個人喜好略作調整。

2. 由面速力達母之製備，推想如「綠油精」等產品，在基劑的成分上可能有什麼差異？（可參考實驗 29，芳香療法－香精油的調配與應用）

3. 試找尋市面上的藥膏產品，看看成分表中，哪些成分是屬於基劑，記錄下來，標示之。

原子序與原子量

原子序	符號		名稱	原子量	原子序	符號		名稱	原子量
1	H	氫	Hydrogen	1.00797	26	Fe	鐵	Iron	55.847
2	He	氦	Helium	4.0026	27	Co	鈷	Cobalt	58.9332
3	Li	鋰	Lithium	6.940	28	Ni	鎳	Nickel	58.71
4	Be	鈹	Beryllium	9.0122	29	Cu	銅	Copper	63.546
5	B	硼	Boron	10.811	30	Zn	鋅	Zinc	65.37
6	C	碳	Carbon	12.01115	31	Ga	鎵	Gallium	69.72
7	N	氮	Nitrogen	14.0067	32	Ge	鍺	Germanium	72.59
8	O	氧	Oxygen	15.9994	33	As	砷	Arsenic	74.9216
9	F	氟	Fluorine	18.9984	34	Se	硒	Selenium	78.96
10	Ne	氖	Neon	20.179	35	Br	溴	Bromine	79.904
11	Na	鈉	Sodium	22.9898	36	Kr	氪	Krypton	83.8
12	Mg	鎂	Magnesium	24.305	37	Rb	銣	Rubidium	85.47
13	Al	鋁	Aluminum	26.9815	38	Sr	鍶	Strontium	87.62
14	Si	矽	Silicon	28.086	39	Y	釔	Yttrium	88.905
15	P	磷	Phosphorus	30.9738	40	Zr	鋯	Zirconuim	91.22
16	S	硫	Sulfur	32.064	41	Nb	鈮	Niobium	92.906
17	Cl	氯	Chlorine	35.453	42	Mo	鉬	Molybdenum	95.94
18	Ar	氬	Argon	39.948	43	Tc	鎝	Technetium	(99)
19	K	鉀	Potassium	39.102	44	Ru	釕	Ruthenium	101.07
20	Ca	鈣	Calaium	40.08	45	Rh	銠	Rhodium	102.905
21	Sc	鈧	Scandium	44.956	46	Pd	鈀	Palladium	106.4
22	Ti	鈦	Titanium	47.9	47	Ag	銀	Silver	107.868
23	V	釩	Vanadium	50.942	48	Cd	鎘	Cadmium	112.40
24	Cr	鉻	Chromium	51.996	49	In	銦	Indium	114.82
25	Mn	錳	Manganese	54.9380	50	Sn	錫	Tin	118.69

原子序	符號		名稱	原子量	原子序	符號		名稱	原子量
51	Sb	銻	Antimony	121.75	81	Tl	鉈	Thallium	204.37
52	Te	碲	Tellurium	127.60	82	Pb	鉛	Lead	207.19
53	I	碘	Iodine	126.9044	83	Bi	鉍	Bismuth	208.980
54	Xe	氙	Xenon	131.30	84	Po	釙	Polonium	(210)
55	Cs	銫	Cesium	132.905	85	At	砈	Astatine	(210)
56	Ba	鋇	Barium	137.34	86	Rn	氡	Radon	(222)
57	La	鑭	Lanthanum	138.91	87	Fr	鍅	Francium	(223)
58	Ce	鈰	Cerium	140.12	88	Ra	鐳	Radium	226.05
59	Pr	鐠	Praseodymim	140.908	89	Ac	錒	Actinium	(227)
60	Nd	釹	Neodymium	144.24	90	Th	釷	Thorium	232.038
61	Pm	鉅	Promethiym	(147)	91	Pa	鏷	Protactinium	238.03
62	Sm	釤	Samorium	150.55	92	U	鈾	Uranium	238.03
63	Eu	銪	Europium	151.96	93	Np	錼	Neptunium	(237)
64	Gd	釓	Gadolinium	157.25	94	Pu	鈽	Plutonium	(242)
65	Tb	鋱	Terbium	158.924	95	Am	鎇	Americium	(243)
66	Dy	鏑	Dysprosjum	162.5	96	Cm	鋦	Curium	(247)
67	Ho	鈥	Holmium	164.930	97	Bk	鉳	Berkelium	(249)
68	Er	鉺	Erbium	167.26	98	Cf	鉲	Californium	(251)
69	Tm	銩	Thulium	168.934	99	Es	鑀	Einsteinium	(254)
70	Yb	鐿	Ytterbium	173.04	100	Fm	鑽	Fermium	(253)
71	Lu	鎦	Lutetium	174.97	101	Md	鍆	Mendelevium	(256)
72	Hf	鉿	Hafnium	178.49	102	No	鍩	Nobelium	(254)
73	Ta	鉭	Tantaium	180.948	103	Lr	鐒	Lawrencium	(257)
74	W	鎢	Tungsten	183.85	104	Rf	鑪	Rutherfordium	(261)
75	Re	錸	Rhenium	186.2	105	Db	𨧀	Dubnium	(262)
76	Os	鋨	Osmium	190.2	106	Sg	𨭎	Seaborgium	(263)
77	Ir	銥	Iridium	192.2	107	Bh	𨨏	Bohrium	(262)
78	Pt	鉑	Platinum	195.09	108	Hs	𨭆	Hassium	(265)
79	Au	金	Gold	196.967	109	Mt	䥑	Meitherium	(266)
80	Hg	汞	Mercury	200.59					

註：本表各元素的原子量乃是依 $C^{12} = 12$ 而定。

水的飽和蒸氣壓

（單位：mmHg）

溫度°C	0	1	2	3	4	5	6	7	8	9
0	4.581	4.615	4.648	4.682	4.716	4.750	4.785	4.820	4.855	4.890
1	4.925	4.961	4.997	5.033	5.069	5.105	5.142	5.179	5.216	5.254
2	5.292	5.329	5.368	5.406	5.445	5.484	5.523	5.562	5.602	5.642
3	5.681	5.722	5.763	5.804	5.845	5.886	5.928	5.970	6.012	6.055
4	6.098	6.141	6.184	6.227	6.271	6.315	6.360	6.404	6.449	6.494
5	6.540	6.586	6.632	6.678	6.725	6.772	6.819	6.866	6.914	6.962
6	7.010	7.059	7.108	7.157	7.207	7.257	7.307	7.357	7.408	7.459
7	7.510	7.562	7.614	7.666	7.719	7.772	7.825	7.879	7.933	7.987
8	8.042	8.097	8.152	8.208	8.263	8.320	8.377	8.433	8.491	8.548
9	8.606	8.665	8.723	8.782	8.841	8.901	8.961	9.021	9.082	9.143
10	9.205	9.267	9.329	9.392	9.455	9.518	9.582	9.646	9.710	9.775
11	9.840	9.906	9.972	10.04	10.10	10.17	10.24	10.31	10.38	10.45
12	10.51	10.58	10.65	10.72	10.79	10.87	10.94	11.01	11.08	11.15
13	11.23	11.30	11.38	11.45	11.52	11.60	11.68	11.75	11.83	11.91
14	11.98	12.06	12.14	12.22	12.30	12.38	12.46	12.54	12.62	12.70
15	12.78	12.87	12.95	13.03	13.12	13.20	13.29	13.37	13.46	13.54
16	13.63	13.72	13.81	13.89	13.98	14.07	14.16	14.25	14.34	14.43
17	14.53	14.62	14.71	14.81	14.90	14.99	15.09	15.18	15.28	15.38
18	15.47	15.57	15.67	15.77	15.87	15.97	16.07	16.17	16.27	16.37
19	16.47	16.58	16.68	16.79	16.89	17.00	17.10	17.21	17.32	17.42
20	17.53	17.64	17.75	17.86	17.97	18.08	18.19	18.31	18.42	18.53
21	18.65	18.76	18.88	18.99	19.11	19.23	19.35	19.46	19.58	19.70
22	19.82	19.95	22.07	20.19	21.31	20.44	20.56	2069	20.81	20.94
23	21.07	21.19	21.32	21.45	21.58	21.71	21.84	21.98	22.11	22.24
24	22.38	22.51	22.65	22.78	22.92	23.06	23.19	23.33	23.47	23.61
25	23.76	23.90	24.04	24.18	24.33	24.47	24.62	24.76	24.91	25.06

溫度°C	0	1	2	3	4	5	6	7	8	9
26	25.21	25.36	25.51	25.66	25.81	25.96	26.12	26.27	26.43	26.58
27	26.74	26.90	27.05	27.21	27.37	27.53	27.70	27.86	28.02	28.18
28	28.35	28.52	28.68	28.85	29.02	29.19	29.36	29.53	29.70	29.87
29	30.04	30.22	30.39	30.57	30.75	30.92	31.10	31.28	31.46	31.64
30	31.83	32.01	32.19	32.38	32.56	32.75	32.94	33.13	33.32	33.51
31	33.70	33.89	34.08	34.28	34.47	34.67	34.87	35.07	35.27	35.47
32	35.67	35.87	36.07	36.28	36.48	36.69	36.89	37.10	37.31	37.52
33	37.73	37.95	38.16	38.37	38.59	38.81	39.03	39.24	39.46	39.68
34	39.90	40.13	40.35	40.58	40.80	41.03	41.26	41.49	41.72	41.95
35	42.18	42.41	42.65	42.89	43.12	43.36	43.60	43.84	44.08	44.33
36	44.57	44.82	45.06	45.31	45.56	45.81	46.06	46.31	46.56	46.52
37	47.08	47.33	47.59	47.85	48.11	48.37	48.64	48.90	49.17	49.43
38	49.70	49.97	50.24	50.51	50.79	51.06	51.34	51.62	51.89	52.17
39	52.45	52.74	53.02	53.31	53.59	53.88	54.17	54.46	54.75	55.04
40	55.34	55.63	55.93	56.23	56.53	56.83	57.13	57.44	57.74	58.05
41	58.36	58.67	58.98	59.29	59.60	59.92	60.24	60.55	60.87	61.19
42	61.52	61.84	62.17	62.49	62.82	63.15	63.48	63.81	64.15	64.49
43	64.82	65.16	65.50	65.84	66.19	66.53	66.88	67.23	67.58	67.93
44	68.28	68.04	68.99	69.35	69.71	70.07	70.43	70.80	71.16	71.53
45	71.90	72.27	72.64	73.01	73.39	73.77	74.15	74.53	74.91	75.29
46	75.67	76.06	76.45	76.84	77.23	77.63	78.03	78.43	78.82	79.22
47	79.63	80.03	80.44	80.84	81.25	81.67	82.08	82.49	82.91	83.33
48	83.75	84.17	84.60	85.03	85.45	85.88	86.31	86.74	87.18	87.62
49	88.06	88.50	88.94	89.39	89.84	90.29	90.74	91.19	91.64	92.10
50	92.56	93.02	93.48	93.95	94.41	94.88	95.35	95.82	96.29	93.77

附錄三

試藥的配製與其水溶液的濃度與比重關係

1. 酸、鹼試藥的配製

溶　質	分子量	規定濃度 N	莫耳濃度 M	重量 %	比重	配製法
鹽酸	36.5	12	12	37	1.19	直接使用市售濃鹽酸。
HCl		6	6	20	1.10	12N－HCl 1 容＋水 1 容
		2	2	8	1.04	6N－HCl 1 容＋水 2 容
硫酸	98	36	18	95	1.83	直接使用市售濃硫酸。
H_2SO_4		6	3	25	1.18	36N－H_2SO_4 1 容＋水 5 容
		2	1	9	1.06	6N－H_2SO_4 1 容＋水 2 容
硝酸	63	16	16	69	1.42	直接使用市售濃硝酸。
HNO_3		6	6	32	1.20	16N－HNO_3 1 容＋水 1.7 容
		2	2	12	1.07	6N－HNO_3 1 容＋水 2 容
醋酸	60	18	18	99.5	1.05	直接使用市售冰醋酸。
CH_3COOH		6	6	33	1.04	18N－CH_3COOH 1 容＋水 2 容
		2	2	11	1.01	6N－CH_3COOH 1 容＋水 2 容
氨水	35	15	15	28	0.88	直接使用市售濃氨水。
NH_4OH		6	6	11.6	0.96	15N－NH_4OH 1 容＋水 1.5 容
		2	2	3.3	0.98	6N－NH_4OH 1 容＋水 2 容
氫氧化鈉	40	10	10	30	1.32	NaOH 400g 溶於水稀釋成 1L。
NaOH		6	6	20	1.22	NaOH 240g 溶於水稀釋成 1L。
氫氧化鉀	56	10	10	41	1.42	KOH 560g 溶於水稀釋成 1L。
KOH		6	6	28	1.26	KOH 336g 溶於水稀釋成 1L。

2. 水溶液的濃度與比重之關係(15°C)

溶質 濃度%	鹽酸	硝酸	蔗糖	氫氧化鈉	碳酸鈉	氨水	食鹽	次磷酸	乙醇
5	1.02	1.03	1.03	1.05	1.05	0.98	1.03	1.02	0.99
10	1.05	1.07	1.05	1.11	1.10	0.96	1.07	1.04	0.98
15	1.07	1.10	1.08	1.16	1.15	0.94	1.11	1.06	0.98
20	1.10	1.14	1.12	1.22	1.21	0.93	1.15	1.08	0.97
25	1.12	1.18	1.15	1.27	1.27	0.91	—	1.10	0.96
30	1.15	1.22	1.18	1.33	1.33	0.90	—	1.13	0.95
35	1.17	1.26	1.21	1.38	—	0.88	—	1.15	0.94
40	1.20	1.30	1.25	1.43	—	0.87	—	1.18	0.94
45	—	1.35	1.28	1.48	—	—	—	1.20	0.92
50	—	1.40	1.31	1.53	—	—	—	1.25	0.91
55	—	1.45	1.34	—	—	—	—	—	0.90
60	—	1.50	1.37	—	—	—	—	—	0.89
65	—	1.55	1.39	—	—	—	—	—	0.88
70	—	1.61	1.41	—	—	—	—	—	0.87
75	—	1.67	1.43	—	—	—	—	—	0.86
80	—	1.73	1.45	—	—	—	—	—	0.84
85	—	1.73	1.47	—	—	—	—	—	0.83
90	—	1.81	1.48	—	—	—	—	—	0.82
95	—	1.83	1.49	—	—	—	—	—	0.80
100	—	1.83	1.51	—	—	—	—	—	0.79

附錄四

鹽類在水中之溶解度

陰離子	陽離子	生成鹽之溶解度
全部	鹼金屬離子，Li^+、Na^+、K^+、Rb^+、Cs^+	可溶
全部	銨離子 NH_4^+	可溶
硝酸根離子，NO_3^- 氯酸根離子，ClO_3^- 醋酸根離子，CH_3COO^-	全部陽離子 （AgAc 及 $CrAc_2$ 溶解度小）	可溶
氯離子，Cl^- 溴離子，Br^- 碘離子，I^-	Tl^+、Hg_2^{2+}、Cu^+、Ag^+、Pb^{2+} 全部他種陽離子	溶解度小 可溶
硫酸根離子，SO_4^{2-}	Pb^{2+}、Hg_2^{2+}、Ba^{2+}、Ca^{2+}、Sr^{2+} 全部他種陽離子	溶解度小 可溶
硫離子，S^{2-}	鹼金屬離子、鹼土金屬離子、NH_4^+ 全部他種陽離子	可溶 溶解度小
氫氧根離子，OH^-	NH_4^+、鹼金屬離子、Sr^{2+}、Ba^{2+}、Ra^{2+} 全部他種陽離子	可溶 溶解度小
鉻酸根離子，CrO_4^{2-}	Ag^+、Pb^{2+}、Ba^{2+}、Ra^{2+}、Sr^{2+} 全部他種陽離子	溶解度小 可溶
磷酸根離子，PO_4^{3-} 碳酸根離子，CO_3^{2-} 亞硫酸根，SO_3^{2-} 硼酸根離子，BO_3^{3-}	鹼金屬離子 NH_4^+ 全部他種陽離子	可溶 溶解度小

附錄五

酸類之游離常數(K_a)(298K)

名　稱	化學式	K_a
過氯酸	$HClO_4$（強酸）	極大
氫碘酸	HI（強酸）	極大
氫溴酸	HBr（強酸）	極大
氫氯酸	HCl（強酸）	極大
硝酸	HNO_3（強酸）	極大
硫酸	H_2SO_4（強酸）	極大
碳酸	H_2CO_3	$K_1= 4.45×10^{-7}$ $K_2=4.70×10^{-11}$
氯醋酸	$ClCH_2COOH$	$1.36×10^{-3}$
檸檬酸	$HOOC(OH)C(CH_2COOH)_2$	$K_1=7.45×10^{-4}$ $K_2=1.73×10^{-5}$ $K_3=4.02×10^{-7}$
乙二胺四醋酸	H_4Y	$K_1=1.0×10^{-2}$ $K_2=2.1×10^{-5}$ $K_3=6.9×10^{-7}$ $K_4=5.5×10^{-11}$
甲酸	$HCOOH$	$1.77×10^{-4}$
反丁烯二酸	$trans\text{-}HOOCCH=CHCOOH$	$K_1=9.6×10^{-4}$ $K_2=4.1×10^{-5}$
羥基乙酸	$HOCH_2COOH$	$1.48×10^{-4}$
氫疊氮酸	HN_3	$1.9×10^{-5}$
氫氰酸	HCN	$2.1×10^{-9}$
氫氟酸	H_2F_2	$7.2×10^{-4}$
過氧化氫	H_2O_2	$2.7×10^{-12}$
氫硫酸	H_2S	$5.7×10^{-15}$
次氯酸	$HOCl$	$3.0×10^{-8}$

名　稱	化學式	K_a
碘酸	HIO_3	1.7×10^{-1}
硼酸	H_3BO_3	5.83×10^{-10}
1-丁酸	$CH_3CH_2CH_2COOH$	1.51×10^{-5}
三氯醋酸	Cl_3CCOOH	1.29×10^{-1}
醋酸	CH_3COOH	1.8×10^{-5}
砷酸	H_3AsO_4	$K_1 = 6.0 \times 10^{-5}$ $K_2 = 1.05 \times 10^{-7}$ $K_3 = 3.0 \times 10^{-12}$
乳酸	$CH_3CHOHCCOOH$	1.37×10^{-4}
順丁烯二酸	$cis\text{-}HOOCH=CHCOOH$	$K_1 = 1.2 \times 10^{-2}$ $K_2 = 5.96 \times 10^{-7}$
蘋果酸	$HOOCCHOHCH_2COOH$	$K_1 = 4.0 \times 10^{-4}$ $K_2 = 8.9 \times 10^{-6}$
丙二酸	$HOOCCH_2COOH$	$K_1 = 1.4 \times 10^{-3}$ $K_2 = 2.01 \times 10^{-6}$
苯乙醇酸	$C_6H_5CHOHCOOH$	3.88×10^{-4}
亞硝酸	HNO_2	5.1×10^{-4}
草酸	$H_2C_2O_4$	$K_1 = 5.36 \times 10^{-2}$ $K_2 = 5.42 \times 10^{-6}$
過碘酸	H_5IO_6	$K_1 = 2.4 \times 10^{-2}$ $K_2 = 5.0 \times 10^{-9}$
酚	C_6H_5OH	1.0×10^{-10}
磷酸	H_3PO_4	$K_1 = 7.11 \times 10^{-3}$ $K_2 = 6.34 \times 10^{-8}$ $K_3 = 4.2 \times 10^{-13}$
亞磷酸	H_3PO_3	$K_1 = 1.0 \times 10^{-2}$ $K_2 = 2.6 \times 10^{-7}$
鄰苯二甲酸	$C_6H_4(COOH)_2$	$K_1 = 1.12 \times 10^{-3}$ $K_2 = 3.91 \times 10^{-6}$

名　稱	化學式	K_a
苦酸	$(NO_2)_3C_6H_2OH$	5.1×10^{-1}
亞硫酸	H_2SO_3	$K_1 = 1.72 \times 10^{-2}$ $K_2 = 6.43 \times 10^{-8}$
丁二酸	$HOOCCH_2CH_2COOH$	$K_1 = 6.21 \times 10^{-5}$ $K_2 = 2.32 \times 10^{-6}$
酒石酸	$HOOC(CHOH)_2COOH$	$K_1 = 9.20 \times 10^{-4}$ $K_2 = 4.31 \times 10^{-5}$
硒化氫	H_2Se	2.3×10^{-3}
亞砷酸	H_3AsO_3	$K_1 = 6.0 \times 10^{-10}$ $K_2 = 3.0 \times 10^{-14}$
苯甲酸	C_6H_5COOH	6.14×10^{-8}

$$HA_{(aq)} + H_2O \rightarrow A^-_{(aq)} + H_3O^+_{(aq)} \qquad K_a = \frac{[H_3O^+][A^-]}{[HA]}$$

附錄六

鹼類之游離常數(K_b)(298K)

名　稱	化學式	K_b	名　稱	化學式	K_b
醋酸根離子	CH_3COO^-	5.7×10^{-10}	硝酸根離子	NO_3^-	5.0×10^{-17}
氨	NH_3	1.8×10^{-5}	亞硝酸根離子	NO_2^-	1.4×10^{-11}
苯胺	$C_6H_5NH_2$	4.2×10^{-10}	草酸根離子	$C_2O_4^{2-}$	1.6×10^{-10}
砷酸根離子	AsO_4^{3-}	3.3×10^{-3}	草酸氫根離子	$HC_2O_4^-$	1.8×10^{-13}
砷酸氫根離子	$HAsO_4^{2-}$	9.1×10^{-8}	過錳酸根離子	MnO_4^-	5.0×10^{-17}
砷酸二氫根離子	$H_2AsO_4^-$	1.5×10^{-3}	磷酸根離子	PO_4^{3-}	1.0×10^{-2}
硼酸根離子	$H_2BO_3^-$	1.6×10^{-5}	磷酸氫根離子	HPO_4^{2-}	1.5×10^{-7}
	$B_4O_7^{2-}$	1.0×10^{-3}	磷酸二氫根離子	$H_2PO_4^-$	1.3×10^{-12}
溴離子	Br^-	1.0×10^{-23}	偏矽酸根離子	SiO_3^{2-}	6.7×10^{-3}
碳酸根離子	CO_3^{2-}	2.1×10^{-4}	偏矽酸氫根離子	$HSiO_3^-$	3.1×10^{-5}
碳酸氫根離子	HCO_3^-	2.2×10^{-8}	硫酸根離子	SO_4^{2-}	1.0×10^{-12}
氯離子	Cl^-	3.0×10^{-23}	亞硫酸根離子	SO_3^{2-}	2.0×10^{-7}
鉻酸根離子	CrO_4^{2-}	3.1×10^{-8}	硫離子	HSO_3^-	7.0×10^{-13}
氰酸根離子	CN^-	1.6×10^{-5}	硫化氫根離子	HS^-	1.0×10^{-7}
二乙胺	$(C_2H_5)_2NH$	9.5×10^{-4}	硫代硫酸根離子	$S_2O_3^{2-}$	3.1×10^{-12}
二甲胺	$(CH_3)_2NH$	5.9×10^{-4}	三乙胺	$(C_2H_5)_3N$	5.2×10^{-4}
乙胺	$C_2H_5NH_2$	4.7×10^{-4}	三甲胺	$(CH_3)_3N$	6.3×10^{-5}
氟離子	F^-	1.5×10^{-11}	甲胺	CH_3NH_2	3.9×10^{-4}
甲酸根離子	$HCOO^-$	5.6×10^{-11}	聯胺	H_2NNH_2	3.0×10^{-7}
碘離子	I^-	3.0×10^{-24}			

$$X^-_{(aq)} + H_2O \rightarrow HX_{(aq)} + OH^-_{(aq)} \qquad K_b = \frac{[HX][OH^-]}{[X^-]}$$

附錄七

危險性藥品之分類

No.	類別	危險性種類與程度
1	發火性	當與水接觸時有發火之情形者，或在空氣中發火點未滿 40°C 者。
2	引火性	可燃性氣體，或引火點未滿 30°C 者。
3	可燃性	引火點在 30°C 至 100°C 之間者，或引火點在 100°C 以上而發火點比較低之物質。
4	爆炸性	重量 5 kg 之落鎚，落下高度在 1 m 以內會引起分解而爆炸者，或加熱會分解爆炸者。
5	氧化性	加熱、受壓縮或加入強酸、強鹼時具有強氧化性之物質者。
6	禁水性	當吸濕或與水接觸時，有發火、發熱之現象，或者發生有害性氣體者。
7	強酸性	無機與有機之強酸類屬之。
8	腐蝕性	與人體接觸時，皮膚黏膜會受到強烈刺激或損害者。
9	有毒性	吸入容量未滿 50 ppm 或 50 mg/m^3，或者口服量未滿 30 mg 會致死者。
10	有害性	吸入容量在 50 ppm 至 200 ppm 之間，或 50 mg/m^3 至 200 mg/m^3 間；或者口服量在 30~300 mg 間會致死者。
11	放射性	不安定之原子核可自動的發生某種變化，結果使其達到更安定的核成分，或某些合成的放射性核子發生若干種型式的放射性蛻變，如 α 粒子、β 粒子、γ 射線或正子等之放射與蛻變，同時產生能量上之改變者。

註：此表之分類係日本化學會依藥品危險性而分類。

附錄八

危害物質之主要分類及圖式

危害物質分類		圖 式	說 明
類別	組 別		
第一類：爆炸物	1.1 組 有整體爆炸危險之物質或物品。 1.2 組 有拋射危險，但無整體爆炸危險之物質或物品。 1.3 組 會引起火災，並有輕微爆炸或拋射危險但無整體爆炸危險之物質或物品。	爆炸物 EXPLOSIVE 1.1 * 1	象徵符號：炸彈爆炸，黑色 背景：橙色 數字「1」置於底角 **：類組號位置 *：相容組之位置 象徵符號與類組號間註明「爆炸物」
	1.4 組 無重大危險之物質或物品。	1.4 * 1	背景：橙色 文字：黑色 數字之高度為 30mm，寬為 5mm（標示為 100mm×100mm 時） 數字「1」置於底角
	1.5 組 很不敏感，但有整體爆炸危險之物質或物品。	1.5 * 1	背景：橙色 文字：黑色 數字之高度為 30mm，寬為 5mm（標示為 100mm×100mm 時） 數字「1」置於底角
	1.6 組 極不敏感，且無整體爆炸危險之物質或物品。	1.6 * 1	背景：橙色 文字：黑色 數字之高度為 30mm，寬為 5mm（標示為 100mm×100mm 時） 數字「1」置於底角

危害物質分類		圖 式	說 明
類別	組 別		
第二類：氣體	2.1組 易燃氣體		象徵符號：火焰，得為白色或黑色 背景：紅色 數字「2」置於底角 象徵符號與類號間註明「易燃氣體」
	2.2組 非易燃，非毒性氣體		象徵符號：氣體鋼瓶，得為白色或黑色 背景：綠色 數字「2」置於底角 象徵符號與類號間註明「非易燃，非毒性氣體」
	2.3組 毒性氣體		象徵符號：骷髏與兩根交叉方腿骨，黑色 背景：白色 數字「2」置於底角 象徵符號與類號間註明「毒性氣體」
第三類：易燃液體	不分組		象徵符號：火焰，得為黑色或白色 背景：紅色 數字「3」置於底角 象徵符號與類號間註明「易燃液體」

危害物質分類		圖 式	說 明
類別	組 別		
第四類：易燃固體；自燃物質；禁水性物質	4.1組 易燃固體		象徵符號：火焰，黑色 背景：白底加七條紅帶 數字「4」置於底角 象徵符號與類號間註明「易燃固體」
	4.2組 自燃物質		象徵符號：火焰，黑色 背景：上半部為白色，下半部紅色 數字「4」置於底角 象徵符號與類號間註明「自燃物質」
	4.2組 自燃物質		象徵符號：火焰，黑色 背景：上半部為白色，下半部紅色 數字「4」置於底角 象徵符號與類號間註明「自燃物質」
第五類：氧化性物質及有機過氧化物	5.1組 氧化性物質		象徵符號：圓圈上一團火焰，黑色 背景：黃色 數字「5.1」置於底角 象徵符號與類組號間註明「氧化性物質」
	5.2組 有機過氧化物		象徵符號：圓圈上一團火焰，黑色 背景：黃色 數字「5.2」置於底角 象徵符號與類組號號間註明「有機過氧化物」

危害物質分類		圖　式	說　明
類別	組　別		
第六類：毒性物質	6.1 組　毒性物質		象徵符號：骷髏與兩根交叉方腿骨，黑色 背景：白色 數字「6」置於底角 象徵符號與類號間註明「毒性物質」
第七類：放射性物質	放射性物質 I、II、III 分組 可分裂物質	依行政院原子能委員會之有關法令辦理	依行政院原子能委員會之有關法令辦理。
第八類：腐蝕性物質	不分組		象徵符號：液體自兩個玻璃容器濺於手上與金屬上，黑色 背景：上半部為白色，下半部黑色白邊 數字「8」置於底角 象徵符號與類號間註明白色「腐蝕性物質」
第九類：其他危險物	不分組		象徵符號：上半部七條黑色垂直線條 背景：白色 數字「9」置於底角

註：本表各項定義及圖式依中華民國國家標準 CNS 6864 Z5071 危險物標示規定。

附錄九

認識藥品之英文標籤

做實驗時經常會接觸到藥品之英文標籤，以下針對幾種常見之英文標籤形式做說明。

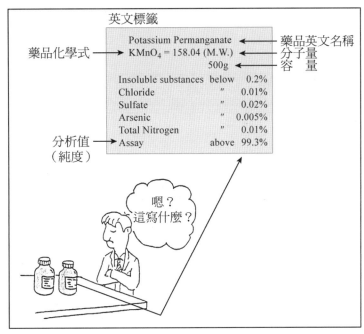

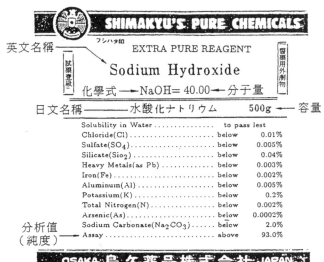

KUJIMA CHEMICAL CO., LTD.

EXTRA PURE REAGENT

試藥 Calcium Carbonate Precipitated ←————— 英文名稱

一級 化　學　式 ————→ CaCO₃ = 100.09 ←————— 分子量

$CaCO_3 = 100.09$

日文名稱 ——→ 炭酸カルシウム 沈降製　　500g ←————— 容量

Test. NO.841958

小島化学薬品株式会社

該藥品所具之
危險性

化學式　　英文名稱　　分子量　容量

Artikel-Nr. 31 563　　　　　　West-Germany

Triaethylamin

(C₂H₅)₃N　　　　　　MG 101,19

$(C_2H_5)_3N$

rein　　11201831 A　　1 L

Reizstoff　Leichtentzündlich

Typanalyse

Gehalt (GC) .... 99 %
Siedebereich K) ... 88—91° C
Wasser .... 0,2 %

1 L ≈ 0,73 kg

Leicht entzündlich.
Dampf-Luftgemisch explosionsfähig.
Reizt Haut, Augen und Atemwege.
Explosionsgrenzen 1,0—8,0 Vol. %
MAK-Wert 25 ppm

Benälter dicht geschlossen halten und an einem gut gelüfteten Ort aufbewahren Bei der Arbeit nicht rauchen. Von offenen Flammen, Wärmequellen und Funken fernhalten Dämpfe nicht einatmen. Berührung mit Haut, Augen und Kleidung vermeiden. Beschmutzte Kleider sofort ausziehen. Im Brandfall(s)kann mit allen Löschmitteln gelöscht werden. Vollständig mischbar mit Wasser.

FERAK BERLIN

該藥品之
危險性及
安全處理

Triethylamin · ● Meget brandfarlig. Irriterer øjnene og åndedrætsorganerne. Holdes væk fra antændelseskilder – Rygning forbudt. I tilfælde af stof i øjnene skyl straks grundigt med vand, og søg læge. Må ikke kommes i kloakafløb.

Triethylamine ● Highly flammable. Irritating to eyes and respiratory system. Keep away from sources of ignition – No smoking. In case of contact with eyes, rinse immediately with plenty of water and seek medical advice. Do not empty into drains.

Triéthylamine ● Très Inflammable. Irritant pour les yeux et les voies respiratoires. Conserver à l'écart de toute source d'ignition – Ne pas fumer. En cas de contact avec les yeux, laver immédiatement et abondamment avec de l'eau et consulter un spécialiste. Ne pas jeter les résidus à l'égout.

Trietilamina ● Facilmente infiammabile. Irritante per gli occhi e le vie respiratorie. Conservare lontano da fiamme e scintille – Non fumare. In caso di contatto con gli occhi, lavare immediatamente e abbondantemente con acqua e consultare un medico. Non gettare i residui nelle fognature.

Triethylamine ● Licht ontvlambaar. Prikkelend voor de ogen en de ademhalingswegen. Verwijderd houden van ontstekingsbronnen – Niet roken. Bij aanraking met de ogen onmiddellijk met overvloedig water afspoelen en deskundig medisch advies inwinnen. Afval niet in de gootsteen werpen.

參考資料

Hess, S. M. (1995). *Salon ovations' guide to aromatherapy*. Milady Publishing Company.

Selinger, B. (1994). *Chemistry in the Marketplace* (4th ed.). Harcourt Brace.

Smile Program Chemistry Index: http://www.iit.edu/~smile/chemnde.html

Summerlin, L. R., & Ealy, J. L. (1988). *Chemical demonstration*, vol 1. American Chemical Society.

Summerlin, L. R., & Ealy, J. L. (1988). *Chemical demonstration*, vol 2. American Chemical Society.

中原大學化學系(2012)．普通化學實驗（六版修訂）．高立。

中臺醫專(1984)．化學實驗。

化學實驗教學編輯委員會(1995)．化學實驗－下冊（彩色修訂版）．新文京開發。

化學實驗教學編輯委員會(1998)．化學實驗－上冊（彩色修訂版）．新文京開發。

王來好(2006)．化妝品化學與製造（初版四刷）．高立。

王澄霞等(1995)．化學實驗（上冊）．三民。

田憲儒等(1996)．簡明醫護化學．匯華。

光井武夫編，陳韋達譯(2004)．新化妝品學（第二版）．合記。

汪妲謝勒原著，溫佑君譯(1996)．香療法精油寶典．世茂出版社。

邱水亮譯(1988)．染色化學(I)、(II)、(III)．徐氏基金會。

林敬二、楊美惠、楊寶旺、廖德章、薛敬和(2004)．化學大辭典（三版修訂）．高立。

施明智(2010)．食物學原理（第三版）．藝軒。

柯川德等(1997)．芳香療法與植物精油．中永實業。

洪允銘、葉承編著(1991)．有機化學實驗．藝軒。

陳正宗等(1990)．化學實驗．杏輝。

陳明毅、潘愷編著(1996)．化學實驗：普通、有機及生物化學．眾光。

陳昭雄(2004)．化學實驗（修訂版）．新文京開發。

國立臺灣師範大學科學教育中心主編．高級中學化學實驗手冊（第二冊）．國立編譯館出
　　版。

張富昌譯(1992)．圖解化學．徐氏基金會。

船塢書坊(1989)．十萬個為什麼，化學篇（二）．船塢書坊。

黃明利等(1988)．化學實驗（食品加工教科書）．復文。

黃聰林編(1970)．普通化學實驗．良友書局。

彭耀寰等(1995)．化學實驗．大中國。

賀孝雍譯(1992)．有機化學．曉園。

楊寶旺、雷敏宏、廖德章(2006)．化學實驗－上冊（五版十刷）．高立。

楊寶旺、雷敏宏、廖德章(2006)．化學實驗－下冊（二版五刷）．高立。

雷敏宏等(1994)．化學實驗（上冊）．高立。

廖明淵(2010)．化學實驗－環境保護篇（第四版）．新文京開發。

臺灣中小學科學展（第 21~30 屆，pp.102-107）．國立臺灣科學教育館。

劉正(1989)．植物美容辭典．諾亞出版社。

劉雅麗、陳有順、吳麗娟(2002)．化學實驗．華杏。

歐陽承、胡啟和編著(1996)．有機化學實驗（二版）．大中國。

潘子明(1994)．化學實驗．華香園。

謝魁鵬、魏耀揮(2000)．最新生物化學實驗．藝軒。

MEMO

———— **MEMO** ————

───────── **MEMO** ─────────

國家圖書館出版品預行編目資料

化學實驗－生活實用版 / 莊麗貞編著.－
第三版.－新北市：新文京開發, 2018.05
　　面；　　公分

ISBN　978-986-430-316-8（平裝）

1. 化學實驗

347.2　　　　　　　　　　　　107007077

化學實驗─生活實用版（第三版）　　（書號：**E066e3**）

編 著 者	莊麗貞
出 版 者	新文京開發出版股份有限公司
地　　址	新北市中和區中山路二段 362 號 9 樓
電　　話	(02) 2244-8188（代表號）
Ｆ　Ａ　Ｘ	(02) 2244-8189
郵　　撥	1958730-2
初版十刷	西元 2008 年 09 月 01 日
第 二 版	西元 2013 年 09 月 12 日
第 三 版	西元 2018 年 05 月 15 日

New Wun Ching Developmental Publishing Co., Ltd.
New Age · New Choice · The Best Selected Educational Publications—NEW WCDP